U0184135

THE MANUAL OF RISK MANAGEMENT
ABOUT NUCLEAR POWER

核电工程项目风险
管理手册

国核示范电站有限责任公司　著

企业管理出版社
ENTERPRISE MANAGEMENT PUBLISHING HOUSE

图书在版编目（CIP）数据

核电工程项目风险管理手册/国核示范电站有限责任公司著. -- 北京：企业管理出版社，2021.7

ISBN 978-7-5164-2408-7

Ⅰ.①核… Ⅱ.①国… Ⅲ.①核电厂—工程项目管理—风险管理—手册 Ⅳ.① TM623-62

中国版本图书馆 CIP 数据核字（2021）第 104116 号

书　　名：核电工程项目风险管理手册
作　　者：国核示范电站有限责任公司
选题策划：周灵均
责任编辑：张　羿　周灵均
书　　号：ISBN 978-7-5164-2408-7
出版发行：企业管理出版社
地　　址：北京市海淀区紫竹院南路 17 号　　邮编：100048
网　　址：http://www.emph.cn
电　　话：编辑部（010）68456991　发行部（010）68701073
电子信箱：emph003@sina.cn
印　　刷：河北宝昌佳彩印刷有限公司
经　　销：新华书店
规　　格：710 毫米 × 1000 毫米　　16 开本　　17.25 印张　　200 千字
版　　次：2021 年 7 月第 1 版　　2021 年 7 月第 1 次印刷
定　　价：85.00 元

版权所有　翻印必究·印装有误　负责调换

《核电工程项目风险管理手册》
编写组

总　　编：汪映荣

顾　　问：刘锦华

主　　笔：加　刚　张尧东

编写人员：郭述志　何先华　刘新利　陈　朋

　　　　　胡　江　张怀旭　刘春光　王春池

　　　　　张德亮　曹志远　谢建勋　代昌标

　　　　　王爱玲　范准峰　王常权　贾　乔

　　　　　赖丙强　赵　杰　滕昭钰　李承霖

　　　　　高　琨　高　瞻　史　亚　史庆军

前 言

PREFACE

　　国家科技重大专项"国和一号"示范工程是党中央、国务院决策的重大核电工程，是我国三代核电自主化过程中最重要的一环，它的成功与否，对国家电力投资集团有限公司核电事业的发展至关重要，犹如我党历史上红军长征过程中的渡江战役，能否打赢这场战役，对业主国核示范电站有限责任公司以及各参建单位在安全、质量甚至风险管控方面的能力提出了更高要求。

　　"国和一号"示范工程自 2018 年以来，统一建立了项目风险管控机制，通过桌面推演、风险识别与评价等不断梳理项目风险，期间经过核能行业专家同行评估，优化完善了项目风险管理体系，建立了指挥部成员牵头协调机制。2020 年 5 月以来，国核示范电站有限责任公司开始系统化地总结、梳理并编制《核电工程项目风险管理手册》，作为风险管理工作的指引。2020 年 12 月 28 日，手册发布。

该手册结合"国和一号"示范工程以及核电工程项目风险管理的实践，创新提出了"以风险为导向、以安全质量为核心"的核电工程风险导向文化，以及"全周期、全流程、全员参与"的风险管理原则。引入"成熟度"评价，关注产品成熟度、执行方成熟度、项目组织管理成熟度。确定科学的项目基准，目标设置留有风险裕度。归纳共性与关键风险，指导风险识别与应对。关注重点相关方风险的识别与应对，对安全、质量有影响的关键风险点设置检查单，对总体目标有影响的事项设置报告条件，建立核电工程新事项专项应对机制等总体管理要求，并通过对核电工程项目风险的特点进行分析，提出核电工程项目风险管理的组织、目标和方法，进行风险分层，系统性总结、提炼了核电工程各个领域常见重、难点风险及应对措施，对核电建设者建设管理重大工程具有重要的参考意义。

凡事预则立，不预则废。广大核电建设者要善于运用底线思维的方法，有效使用风险管理手册，把坚持底线思维、坚持问题导向贯穿工作始终，做到见微知著，防患于未然。以"百分之百"的准备应对"百分之一"的可能，练就对风险见微知著的洞察力，提高发现问题隐患的能力，练就一双慧眼，做到"有守"与"有为"相统一，在"稳"的基础上奋发有为，千方百计高质量地建设好示范工程，使国家电投的核电发展事业攀上新的高峰。

钱智民

2021 年 6 月

CONTENTS 目 录

第一章

总 则

一、编制依据

△ GB/T 24353-2009《风险管理　原则与实施指南》。

△ GB/T 23694-2013《风险管理　术语》。

△ GB/T 27921-2011《风险管理　风险评估技术》。

△ ISO/CD31000《风险管理原则与实施指南》。

△ 国资发改革 [2006]108 号《中央企业全面风险管理指引》。

△ 项目管理知识体系（PMBOK）第 6 版等。

△《核电工程项目风险管理手册编制大纲》。

二、定义及缩略语

风险：不确定性对目标的影响。

注 1：影响是指偏离预期，可以是正面，也可以是负面的。

注 2：目标可以是不同方面和层面的目标。

注 3：通常用潜在事件、后果或者两者组合来区分风险。

注 4：通常用事件后果（包括情形的变化）和事件发生可能性的组合来表示风险。

注 5：不确定性是指对事件及其后果或可能性的信息缺失，或了解片面的状态。

注 6：问题与风险是可以互相转化的，未发生之前叫风险，一旦发生就是摆在面前的问题；当问题得不到有效解决，那么对未来的影响可能就是风险。

风险识别：发现、确认和描述风险的过程。

注1：风险识别包括风险源、事件及其原因以及潜在后果的识别。

注2：风险识别可能涉及历史数据、理论分析、专家意见以及利益相关者的需求。

风险分析：理解风险性质、确定风险等级的过程。

注：风险分析是风险评价与风险应对决策的基础。

风险评价：对比风险分析结果和风险准则，以确定风险或其大小是否可以接受或容忍的过程。

风险准则：评价风险重要性的依据。

注1：风险准则的确定基于组织的目标与内外部环境。

注2：风险准则可以源自标准、法律、政策和其他要求。

风险规避：通过避免受未来可能发生事件的影响而消除风险。

风险承担：也称作风险自留，是指接受某一特定风险的潜在收益或损失。

风险转移：指通过合同或非合同的方式将风险转嫁给另一人或单位的一种风险处理方式。

风险应对：通过采取措施，将风险发生的概率或后果影响降低至可接受范围内。

成熟度：易受风险源影响的内在特性，成熟度越低，风险发生概率及影响越高。

三、核电工程项目主要特点

核电工程项目除具有技术难度大、质量要求高、参与方众多、接口复杂、工程周期长、投资巨大等特点外，还有以下明显特点：一是遵守严格的核安全法规，二是遵循保守设计的原则，三是坚持高标准的技术要求，四是建立和健全质量保证体系，五是自觉接受国家核安全局的全过程监管。核电工程项目的风险远大于一般项目，必须予以高度的重视。

核电工程倡导核安全文化。核安全是保持核电持续、稳定、健康发展的生命线，是核电企业的立身之本。核电企业需大力推行核安全文化建设，全面培养全体人员的核安全文化意识，不断追求卓越绩效。

核电厂需建立和健全质量保证体系。为落实核电工程建设的高标准技术要求，核电工程必须依照核安全法规及其配套的系列导则，建立和健全严格的质量保证体系，并确保有效执行，以获得国家和公众对核电厂的建设质量以及运行安全的信任。

享受申请同行评估的权利，履行接受同行评估的义务。在机组首次装料前两个月内开展启动同行评估活动，机组首次并网后两年内开展一次运行阶段同行评估。后续每四年实施一次同行评估，识别机组待改进项，持续提升机组安全可靠运行水平。

较多核电工程属于首堆工程。设计寿命长，设备国产化要求高，面临新技术、新系统、新设备、新厂家、新施工单位、新施工方法"六新"风险，项目具有高风险的特点。

四、核电工程项目风险管理总体要求

围绕核电工程项目管理目标及项目特点，核电工程项目风险管理总体要求如下。

（1）建立"以风险为导向、以质量为核心"的风险导向文化。

核电工程项目风险管理与团队全员风险意识及核安全文化息息相关，坚持"透明"，鼓励各种风险"尽早识别，准确定性，快速应对，及时反馈"。

核电工程项目风险管理在核电质保体系和经验反馈体系下开展，风险管理是对质保体系的补充。项目风险的识别和控制要求在各领域相关的管理、技术文件中规定。

（2）"全周期、全流程、全员参与"的风险管理原则。

核电工程风险管理"三全"原则即全周期的项目风险管理规划，全流程的风险管理方法，全员参与的风险识别与培训。全周期项目风险管理规划，即在项目风险管理规划时包含了设计、采购、施工、调试等各领域各阶段的项目风险管理，并在整个项目周期内持续补充完善。全流程风险管理，即在规划文件中明确风险环境信息、风险策划、风险识别、风险分析、风险评价、风险应对、监督和检查、经验反馈等风险管理流程。全员参与风险识别与培训即项目全员均可开展风险识别，可跨领域识别风险，开展分级培训，实现全员培训。

（3）关注产品（技术）成熟度、执行方成熟度、项目组织管理成熟度的提高，降低项目风险。

成熟度与风险有密切的相关性，成熟度越低，风险越高，加快成熟度的提高，是降低风险的有力途径。

产品（技术）成熟度：产品技术方面的成熟度，与产品的设计、材料、工艺、流程等的创新程度、新技术含量成反比。

执行方成熟度：与承担该产品的执行方拥有的资质、能力和资源成正比。

项目组织管理成熟度：产品责任方制订目标、计划以及组织、管理项目团队的成熟度。

各领域评估为成熟度低的高风险项目，应组织开展某个层级和范围的推演和应对，同时评估是否需纳入 TOP10 风险管理。

（4）确定科学合理的项目基准，目标设置应合理预留风险裕度。

工程项目准备阶段制订的总目标和计划及确定的项目组织与关键执行方，将成为决定工程项目成败的基础风险，应予以充分重视。

工程项目实施阶段制订的工程总目标和计划，是工程实施各领域各阶段项目管理"考核指标"的基准，影响着参建各方的积极性和项目成败。项目实施过程中，若风险状况超出管控能力，用尽了相应的风险裕度，需要适时调整计划或目标。

（5）归纳共性与关键风险，指导风险识别与应对。

梳理具体风险与经验反馈案例，归纳形成共性与关键风险，形成结构化风险清单，进而指导下一步风险的识别与应对。

核电工程项目风险管理处于不断完善阶段，项目共性与关键风险随着工程推进持续完善。每半年组织对手册修改一次，对手册内容进行动态管理。组织开发与手册配套的项目风险数据库，积累风险数据。

（6）需关注对重点相关方风险的识别和应对。

关注影响项目总体目标实现的关键相关方的识别，如海域取证涉及的海洋局、项目监管涉及的国家核安全局等，按照相关方的要求，积极做好接口和支持工作，做好相关方参与的管理应对。

（7）对安全、质量有影响的关键风险点设置检查单。

各领域负责识别对安全、质量有影响的关键风险点，并在本领域相应的管理或技术文件中规定对安全、质量有影响的关键风险点的管理要求，设置检查单（如大型吊装活动确认单、混凝土浇筑确认单、各专业质量计划等），并程序化、流程化。基层人员实施时对检查单进行检查确认。

（8）对总体目标有影响的事项设置报告条件。

各领域通过管理、技术文件向相关方提出影响项目目标实现的各类管理、技术偏差的报告事项及报告条件，并进行重点监督和控制。

（9）建立核电工程"新事项"专项应对机制。

各领域根据工程总体安排，提前梳理未来一年本领域可能出现的新事项并制定应对措施。

针对梳理识别的"一般"级别新事项，由领域正常应对。如评估为"重要"新事项，责任领域需进行专项应对：一是纳入本领域风险清单进行管控，必要时纳入 TOP10 风险进行管控；二是评估是否需进行专项评审，如评估需专项评审，制订专项评审计划并监督落实。

五、核电工程项目风险管理过程

△ 核电工程项目风险管理过程包括明确风险环境信息、风险管理策划、风险评估（包括风险识别、风险分析、风险评价）、风险应对、监督和检查、经验反馈，如图 1-1 所示。

△ 明确风险环境信息。通过明确风险环境信息，明确风险管理目标，设定风险准则。风险准则用于评价风险重要程度，体现项目风险承受度，应根据所处环境并结合自身情况合理确定风险准则。在进行具体风险评估时，明确环境信息应包括内外部环境、风险管理环境及确定的风险准则。风险管理环境包括法规标准、核电质保体系（含各类项目管理计划及文件）、信息系统等。

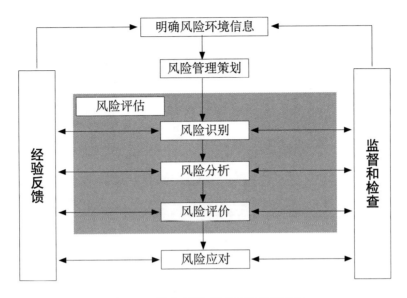

图 1-1 核电工程项目风险管理过程

△ 风险管理策划。项目建立以核电质保体系为基础的风险管理策划。项目风险的识别和控制要求在项目管理程序、技术及管理文件中规定，通过管理程序及文件向相关方提出影响项目目标实现的各类技术、管理偏差的报告事项及报告条件，并进行重点监督和控制。归纳共性风险和关键风险，形成项目风险管理手册，强化风险识别。制定项目TOP10 风险管理办法，对项目重大风险成立专项管控小组，由项目级领导担任组长开展专项管控，指定项目牵头人强化协调力度，必要时提请集团公司予以协调。

△ 风险评估。风险识别基于法规标准、核电质保体系（含各类项目管理计划及文件）要求、经验反馈、风险手册、专家组、风险监督和检查反馈信息等。风险评估常用的工具和方法包括头脑风暴法、检查表法、预先分析法、情景分析法（工程推演）、概率风险评价、失效模式与效应分析、事件树分析、SWOT 分析法、德尔菲法、故障树分析法、流程图法、敏感性分析法等，如图 1-2 所示。

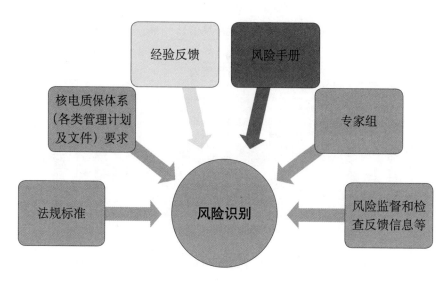

图 1-2　风险评估

△ 风险应对。常用手段包括风险规避、风险承担、风险转移、风险应对。

△ 监督和检查。定期对风险控制进行监督和检查，动态开展风险管理。风险识别依赖于环境信息，这些环境信息随着时间变化可能使原风险改变或失效。定期评估风险的假定条件是否有效，风险环境是否变化，风险应对是否符合预期。监督和检查结果作为新的环境信息，在风险识别时加以考虑。

△ 经验反馈。建立以核电经验反馈体系为基础的经验反馈系统，通过行业内外部问题的反馈，在风险识别时加以考虑，强化项目风险识别和管控。

六、核电工程项目风险管理组织

（一）建立统一的项目风险分层

项目风险总体分为领域级风险和项目级风险两个层级，进行领域层级、项目层级风险的分级管控。项目风险分层，如图 1–3 所示。

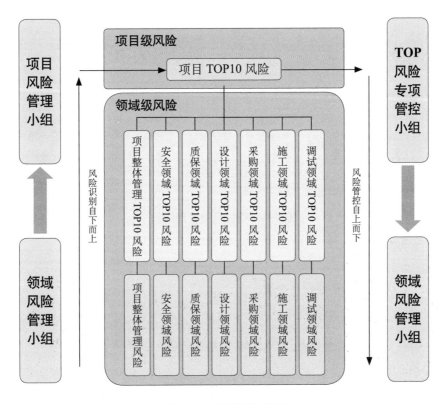

图 1–3　项目风险分层

（二）建立配套的项目风险管理组织

建立与项目风险分层相匹配的项目风险管理组织，力求"责任清晰、识别全面、协调高效"。项目风险管理组织中既有责任线，又有专家线和协调线。专家线和协调线设置是为了推动风险识别与协调力度，风险管理责任不转移。项目风险管理组织及职责，如图 1-4 所示。

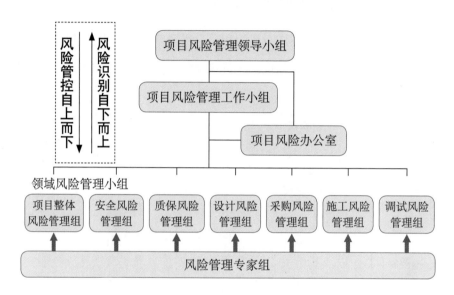

图 1-4　项目风险管理组织

1. 项目风险管理领导小组

△ 负责指导项目风险管理机制建立。

△ 负责组建项目风险管理领导小组，指导组建项目风险管理工作小组。

△ 负责配置足够的资源确保项目风险管理机制有效运作。

△ 组织召开高层协调会议，协调项目 TOP 风险或问题。

2. 项目风险管理工作小组

△ 负责建立项目风险管理机制，组建项目风险管理工作小组，指导组建领域风险管理组及专家组。

△ 根据各领域风险识别和管控情况，每月组织识别、确定项目

TOP10 风险，监督各 TOP10 风险专项管控小组对项目 TOP10 的管控情况。

△ 负责组织整体性风险进展、评估报告编制。

△ 组织召开项目 TOP10 风险月度协调会，协调相关重点问题。

3. 领域风险管理小组

△ 负责领域范围内项目风险的管理工作。

△ 负责领域风险数据库建立和维护。

△ 负责组建领域专家组，组织专家组成员参与领域风险管理。

△ 负责组织本领域项目参建单位收集领域风险。

△ 负责具体风险专项进展/评估报告编制。

△ 负责每月讨论、检查本领域风险识别和管控情况，形成领域 TOP10 风险。

4. 风险管理专家组

△ 参与领域风险识别，提出风险应对建议。

△ 根据需要可跨领域提出风险识别建议。

△ 根据需要可向项目风险办公室提出管理建议。

5. 项目风险办公室

△ 作为项目风险管理领导小组和工作小组的办事机构，负责领导小组和工作小组工作的组织与日常事务办理。

（三）自下而上风险识别

△ 各领域风险管理组按照业务分工组织领域人员按照风险识别的方法和工具进行领域风险识别。各领域风险管理组组长为总包方领域分管领导或授权人，领域指定一名风险接口人，组织业主单位、本单位及相关的下游分包商、领域风险管理专家组等收集本领域风险。

△ 风险识别以现场施工为中心，TOP10 风险来源于关键路径近 3 个月的紧急风险和全周期上的重要风险。

△ 各领域风险管理组每月组织讨论领域风险，检查领域风险管控进展，按照风险评价方法讨论确定领域 TOP10 风险。

△ 项目风险办公室在分析各领域 TOP10 风险的基础上，组织各领域讨论形成项目 TOP10 风险建议。

△ 项目风险管理工作小组召开项目 TOP10 风险月度协调会，听取风险管控情况，审议确定项目 TOP10 风险。

（四）自上而下风险管控

△ 针对审议确定的项目 TOP10 风险，项目风险管理工作小组在项目 TOP10 风险月度协调会上确定 TOP 风险专项管控小组组长及项目牵头人，由项目级领导任 TOP 风险专项管控小组组长，并由组长组织成立专项管控小组，制定专项管控方案并对 TOP 风险进行专项管控。

△ 集团公司牵头人协调机制。TOP 风险专项管控小组每月向集团公司牵头人报送风险管控工作报告，TOP 风险也作为集团公司协调会议的汇报内容，推动相关重大问题协调解决。

△ TOP 风险在专项管控小组的有效管控下风险降低，由专项管控小组评估提出降级或关闭建议，经项目 TOP10 风险月度协调会审议后予以关闭或降至领域风险进行管控。

△ 领域风险在领域风险管理组的有效管控下风险降低，由领域风险责任人提出降级或关闭建议，经领域风险管理组审议后予以关闭或降级。

七、核电工程项目风险管理培训

项目不同单位、不同层级对项目风险及项目风险管理的认识不同，同时在项目的不同阶段，参与项目建设的人员也有所不同，为统一认识，需培育全员风险意识，组织开展项目风险管理培训。

建立项目风险管理分级培训责任制，逐级落实全员培训要求。

△ 分级培训要求。培训分为项目级培训、公司级培训两个层级。业主单位统一组织开展项目级培训，公司级培训由各参建单位组织开展和落实。各级培训内容不限于项目风险管理组织、风险管理主要流程、风险识别和控制的主要方法、风险管理优化内容等。

△ 培训频次要求。项目风险管理制度发生较大变化时，业主单位组织开展项目级培训。公司级培训原则上每两年开展一次。

△ 培训方式要求。培训采用课堂培训或材料学习方式开展。

第二章

核电工程风险管理目标

一、核电工程技术风险管理目标

（一）核电工程技术风险管理要求

△ 顶层：建立全周期的技术审查和变更控制责任。

△ 管理：设计审查控制，设计变更管理，设备试验，施工方案审查，不符合项管理，等等。

△ 底线：满足标准、规范及技术文件要求等。

（二）核电工程技术风险管理目标

△ 工程技术文件满足法规、标准及设计要求。

△ 工程变更控制有效，各类方案制定安全可行。

△ 涉及核安全的技术创新和改进，其设计必须"保守"，即从研发、设计、建造到调试，都必须严格遵循法规，经过充分验证。

二、核电工程安全风险管理目标

（一）核电工程安全风险管理要求

△ 顶层：覆盖全厂的各级安全责任制。

△ 管理：全员安全培训，严格依规操作，安全检查清单，创建文明工地。

△ 底线：严惩高危项目违章操作、违章指挥。

（二）核电工程安全风险管理目标

△ 坚持"生命至上"的原则，确保零死亡目标，并努力将工伤率降至最低水平。

△ 坚持"预防为主"的方针，建立全覆盖、有效的安全管理体系。

△ 一旦发生安全事故风险，立即上报，启动应急预案，采取果断措施防止蔓延。

△ 努力创建安全文明的现场环境，以保护员工健康和生产积极性，提高运作效率。

△ 确保不发生任何违反政府环保法规的行为，并努力将工程对环境的影响降至最低。

三、核电工程质量风险管理目标

（一）核电工程质量风险管理要求

△ 顶层：项目质量保证大纲、工程质量管理体系。

△ 管理：重要运作做到"四个凡事"，质量监管不留死角，提高全员质量意识，追求一次合格，尽早发现质量缺陷和隐患。

△ 底线：严惩蓄意掩盖质量缺陷、系统性弄虚作假、偷工减料等行为。

（二）核电工程质量风险管理目标

核电工程项目的总目标是建设一个能够长期安全、可靠、经济发电的核电厂。核电建设阶段质量管理的总体目标是，使项目质量保证大纲在工程各阶段和全范围内不断完善，并得到坚决有效的执行，保证工程竣工投运后，项目完全满足预期质量和功能要求。

△ 设计阶段的质量目标：根据设计概念和规格（图纸文件）建造完成的交付物，满足项目的预期功效。

△ 建造阶段的质量目标：各项交付物的特性完全满足设计要求。

△ 调试阶段的质量目标：验证设计和建造质量，主动发现和处理质量缺陷和隐患，向运行移交满足预期功能要求的核电厂。

四、核电工程进度风险管理目标

（一）核电工程进度风险管理要求

△ 顶层：工程分级进度计划。

△ 管理：分级负责；触发预警值时加强敏捷管理，力争不影响上一级进度计划；本级进度计划失控时及时上报，以利调整。

△ 底线：保障考核工期。

（二）核电工程进度风险管理目标

设置"目标工期""考核工期"两个"总工期"指标。

△ 目标工期是用关键路径法排出的总工期，不考虑风险期因素，该工期是参建各方共同努力的目标。

△ 考核工期是用关键链法排出的总工期，应充分考虑工程建设期间各种风险因素。考核工期＝目标工期＋风险预备工期。该工期是对参建各方进行考核的指标。

五、核电工程成本风险管理目标

（一）核电工程成本风险管理要求

△ 顶层：预算明细，各级财务管理权限规定。

△ 管理：严格财会制度，严格计划——预算——签约——支付流程，加强各级各领域成本预测。

△ 底线：不超概算。

（二）核电工程成本风险管理目标

△ 工程概算：将工程成本控制在批准的概算范围内，是工程成本管理的基本目标。

△ 工程预算：详列工程预算，实施分级授权管理。工程预算是各级管理层实施工程成本控制的基本依据。

第三章

核电工程项目风险层级

为加强风险识别，各领域充分发挥领域专业优势，通过归纳具体风险、经验反馈，形成领域风险清单，结合自身职责对风险进行分类管理。各领域须阶段性评估风险清单，分类结构是否归纳合适、完整，并更新完善。

一、核电工程项目风险分层原则

核电工程项目风险分为四层，分层原则如下。

△ 第一层风险分类：参照各领域工作范围，将项目风险进行分类管理。项目风险划分为项目整体管理风险、安全风险、质保风险、设计风险、采购风险、施工风险、调试风险等。

△ 第二层风险分类：参照各领域业务控制内容，各领域风险进一步分为技术风险、安全风险、质量风险、进度风险、成本风险、组织风险等。

△ 第三层风险分类：各领域为便于后续风险识别和控制，进一步分解和归纳，细化风险分层至合适深度。

△ 第四层风险分类：依据领域风险清单、经验反馈等内容归纳形成四层风险，四层风险重点识别关键领域、关键环节、关键要素、主要生产流程和管理流程等风险，筛选关键风险点。

四层风险参考成熟度、共性率（风险案例）评估发生概率，依据风险发生概率排序，成熟度低（风险概率高）的风险靠前排序。

本手册四层风险及其案例主要通过以下渠道梳理。

△ 核电项目经验反馈。

△ 核电厂安全事件。

△ 本项目风险管理数据。

二、核电工程项目风险分层

根据项目风险分层分类，四层风险及风险案例随项目实施不断完善，并参考风险成熟度形成项目风险分层清单如。

项目风险分层清单

一层分类	二层分类	三层分类	四层分类
XK项目整体管理风险	组织管理风险 01	项目范围和规划风险 01	01 厂址公用受限风险 02 合同接口复杂风险 03 项目工期规划不足风险 04 承包商以包代管风险 05 管理边界不清晰风险 06 工作范围不明确风险 07 标段多引发接口漏项风险 08 厂址冬季施工风险 09 海工汛期施工风险 10 现场建安相关场地规划不足风险 11 项目涉密工作管理风险 12 项目概算不足风险
		项目沟通与协调风险 02	01 总包联合体组织实施风险 02 项目管理模式风险 03 总包方项目组织管理风险 04 总包项目职责分工风险
		项目组织机构和职责风险 03	01 管理程序承接风险 02 项目管理体系缺失风险 03 接口协调不顺畅风险 04 组织会议、报告过多风险 05 议定事项落实不力风险 06 信息传递滞后风险

续表

一层分类	二层分类	三层分类		四层分类
XK项目整体管理风险	组织管理风险 01	人力资源风险	04	01 承包商人力流失风险 02 承包商未按计划动员风险 03 承包商技术及管理人员不足风险 04 人员资质风险 05 培训不到位风险 06 培训计划与工作计划不匹配风险 07 管理方人力不足风险 08 人力规划缺失风险 09 关键岗位人员经验不足风险 10 供方资质不足风险
		外部风险	05	01 外部政策变化风险 02 标准法规变化风险 03 行业环境变化风险 04 不可抗力风险 05 金融危机风险 06 通货膨胀风险 07 外汇风险 08 贸易战风险 09 战争、恐怖袭击风险 10 行业竞争风险
	计划管理风险 02	计划体系风险	01	01 进度计划管理体系失效的风险 02 主次关键路径出现较大滞后，存在各级计划不能有效指导计划实施的风险
		计划编制风险	02	计划安排未考虑节假日影响计划按期实现的风险

续表

一层分类	二层分类		三层分类		四层分类
XK 项目整体管理风险	计划管理风险	02	计划执行风险	03	01 年度建安竣工文件移交计划完成的风险 02 建安用大型工机具准备不足风险 03 调试前期的水、电、气系统不能满足调试需求但未决策而采用临时措施的风险 04 设备选型决策滞后影响长周期设备制造风险 05 设计进度不满足工程需求风险 06 设备提资、反提资不能满足设备供货需求风险 07 关键设备供货滞后风险
	行政取文风险	03	取文滞后风险	01	01 项目土地权证办理延期风险 02 项目海域权证办理延期风险
			准备不充分风险	02	01 项目用地、用海与规划不符风险 02 对外接口协调风险 03 项目进出线路协调风险
			政策变化风险	03	01 项目核准风险 02 项目对外接口缺失风险 03 建造许可证取文风险 04 运行许可证取证风险
	合同管理风险	04	体系合同管理风险	01	合同管理体系不完善风险
			采购管理风险	02	01 采购遗漏、漏项风险 02 采购方式选择错误风险，未严格执行物资采购管理制度要求 03 采购流程不合规风险 04 未及时采购风险 05 供应商管理风险

续表

一层分类	二层分类	三层分类	四层分类
XK 项目整体管理风险	合同管理风险 04	合同签订、执行风险 03	01 合同签订存在缺陷风险 02 合同未严格执行风险 03 合同索赔、变更风险 04 合同费用未按时支付风险 05 合同执行纠纷风险 06 合同验收不满足要求风险 07 合同履约不满足要求风险
	信息文档风险 05	网络安全风险 01	01 网络安全可靠性风险 02 网络安全管理风险 03 网络安全可用性风险
		信息化项目建设风险 02	01 系统建设规划风险 02 系统建设应用不佳风险 03 信息化项目采购及承包商选择风险 04 业务外包过程管理风险 05 信息类资产风险 06 信息系统建设进度质量不满足需要风险
		工程项目信息化风险 03	01 总包方信息系统不满足项目管理需要风险 02 现场信息基础设施建设运维安全风险
		文件控制风险 04	01 误用过时文件风险 02 文件提交进度与现场进度不匹配风险
		档案管理风险 05	01 组卷归档风险 02 档案保管风险

核电工程项目风险管理手册

续表

一层分类	二层分类	三层分类	四层分类
AQ安全领域	管理风险 01	管理体系风险 01	01 组织设置风险
			02 组织设置风险（退役）
			03 人员配备风险
			04 安全制度风险
			05 安全培训风险
			06 安全投入风险
			07 监督检查风险
			08 "两票"管理风险
			09 许可证管理风险
			10 安全考核风险
			11 管理系统风险
			12 事故和应急管理风险
			13 职业健康管理风险
			14 采购管理风险
			15 外委管理风险
			16 合同风险
			17 方案审查风险
			18 核安全管理风险
		招投标风险 02	01 招标文件编制风险
			02 供应商资质审核风险
		集体决议风险 03	集体决议风险
		验收风险 04	01 竣工验收风险
			02 退役验收风险
			03 拆除验收风险
		支持性文件风险 05	支持性文件风险

一层分类	二层分类	三层分类	四层分类
AQ 安全领域	人因风险 02	作业风险 01	01 厂房施工作业风险 02 高处作业风险 03 基坑作业风险 04 焊接切割作业风险 05 受限空间作业风险 06 起重吊装作业风险 07 动火作业风险 08 转动设备作业风险 09 水上水下作业风险 10 临时用电作业风险 11 交通运输安全风险 12 火灾、爆炸风险 13 爆破作业风险 14 施工用电风险 15 土建基础工程风险 16 工艺风险 17 设备安装风险 18 汽轮机系统安装风险 19 电气专业安装风险 20 其他辅助系统安装风险 21 汽机系统调试作业行为风险 22 热控系统调试作业行为风险 23 化学系统调试作业行为风险 24 电气系统调试作业行为风险 25 运行作业风险 26 停水、电、风、暖作业风险 27 乏燃料移除作业风险 28 拆除作业风险
		技术风险 02	01 技术准备不足风险 02 征地、拆迁工作风险 03 五通一平施工风险 04 初步设计风险 05 退役方案编写风险

续表

一层分类	二层分类	三层分类	四层分类
AQ 安全领域	人因风险 02	技术风险 02	06 退役策略选择风险 07 退役计划编制风险
		意识风险 03	安全意识淡薄风险
		身体素质风险 04	身体素质风险
	环境风险 03	作业环境风险 01	01 作业现场管理风险 02 作业围挡风险 03 作业场所规划风险 04 作业环境风险
		政策环境风险 02	01 地方政策风险 02 土地政策风险
		项目选址风险 03	厂址勘探风险
		社会环境风险 04	01 征地、拆迁风险 02 用电风险 03 治安风险
		自然灾害风险 05	01 季节性与特殊环境施工风险 02 防洪度汛风险
	设备风险 04	作业设备风险	01 设计缺陷故障风险 02 违规带病操作风险 03 防护装置缺失风险 04 防护用品缺失风险 05 试运行设备损坏风险

续表

一层分类	二层分类	三层分类	四层分类
AQ 安全领域	物料风险 05	物料风险	01 物料混放风险 02 易燃易爆、危险品风险 03 废料处理风险
	土建施工风险 06	浇筑风险 混凝土 01	01 泵车操作风险 02 模板支撑风险 03 操作平台坍塌风险
		材料卸货 风险 02	材料卸货风险
		塔吊作业 风险 03	01 塔吊安拆风险 02 交叉落物风险 03 塔吊维保风险
		基坑作业 风险 04	基坑土方塌方风险
		脚手架 作业风险 05	脚手架搭拆坠落风险
		有限空间 作业风险 06	有限空间作业风险
		钢筋绑扎 作业风险 07	钢筋倒排风险

续表

一层分类	二层分类	三层分类	四层分类
AQ 安全领域	安装施工风险 07	高处/临边/孔洞作业风险 01	高处坠落风险
		钢结构施工风险 02	01 钢结构坠落风险 02 交叉落物风险
		焊接作业风险 03	焊渣引燃风险
		用电风险 04	01 违规擅自进行电路接线或维修作业 02 电气误操作风险
		起重吊装风险 05	01 设备转运倾覆风险 02 手拉葫芦失效风险
		转动设备风险 06	转动设备卷入机械伤害风险
QS 质保领域	质量保证大纲 01	程序、细则及图纸 01	01 体系框架不合理 02 管理程序编制质量低 03 程序规定与执行两层皮
		管理部门审查 02	管理者对管理部门的审查缺乏足够的重视

续表

一层分类	二层分类	三层分类	四层分类
QS质保领域	组织 02	组织机构及职责 01	01 职责缺失 02 职责界面不清晰
		人员配备与培训 02	01 人员配备不足 02 人员能力不足
	文件控制 03	文件的发布和分发	文件及其变更未发布到需要的人员
	设计控制 04	设计输入 01	01 设计输入不完整 02 设计输入不正确
		设计接口 02	01 设计接口条目不完整 02 接口参与方过多，接口复杂 03 设计开口项过多
		设计变更 03	01 设计变更发布滞后于制造/施工进展 02 设计变更影响的文件或实体未识别出来 03 未跟踪设计变更执行情况 04 将设计澄清作为执行文件
		现场技术服务 04	现场技术服务人员配备不足
	采购控制 05	采购计划 01	临时采购、紧急采购多
		采购文件 02	01 采购文件未包含必要的质保条款 02 采购技术规格书质量差 03 采购技术规格书频繁变动，影响采购流程 04 商品级物项转化的风险

续表

一层分类	二层分类	三层分类		四层分类
QS质保领域	采购控制 05	对供方的评价和选择	03	供方评价形式主义
		评标和签订合同	04	低价中标
		对所购物项和服务的控制	05	01 进口设备验收风险 02 大宗物项采购风险
		分包风险	06	采购层级过多风险
	物项控制 06	物项标识	01	标识不清，标识未移植；合格品、待检品、不合格品未分区存放和标识
		维护	02	成品保护风险
		物项调用	03	物项调用风险
	工艺过程控制 07	人员	01	特殊工艺人员资质不满足
		机	02	特殊工艺所用机具不满足

续表

一层分类	二层分类	三层分类	四层分类
QS 质保领域	工艺过程控制 07	料 03	特殊工艺用母材、辅材不满足
		环 04	特殊工艺作业环境不满足
		法 05	特殊工艺实施指导文件不满足
	检查和试验控制 08	质量计划 01	H 点越点施工
		计量器具 02	计量器具不满足
		隐蔽工程 03	隐蔽工程不合格
	不符合项 09	不符合项分类 01	从低划分不符合项类别
		处理流程 02	01 隐瞒不符合项 02 不按规定提交上游审批而自行处理 03 技术处理意见缺乏依据
		和隔离 标识 03	不符合项标识，隔离不到位
	记录 10	记录	01 记录丢失、损毁 02 记录随意涂改 03 竣工文件不随建造进展整理、归档

续表

一层分类	二层分类		三层分类		四层分类
QS 质保领域	纠正措施	11	纠正措施		01 纠正措施未找到根本原因 02 纠正措施整改无效
	监查	12	监查		监查整改无效
SJ 设计风险	首堆设计风险	01	新技术风险	01	工程新技术风险
			新系统风险	02	工程新系统风险
	设计输入风险	02	变化风险 业主需求	01	01 业主关于子项系统功能需求变化 02 业主关于子项个性化需求变化 03 业主关于新增子项需求
			不确定风险 外部条件	02	01 共用厂址引起不确定性风险 02 国家政策变化风险 03 地方政府协调导致设计修改风险
			变化风险 标准规范	03	新增或升版标准规范风险
	设计过程控制风险	03	管理风险 EE 接口	01	01 EE 接口按期关闭风险 02 EE 接口关闭计划合理性风险 03 EE 接口重新打开风险
			管理风险 EP 接口	02	01 EP 接口按期关闭风险 02 EP 接口关闭计划合理性风险 03 EP 接口重新打开风险

续表

一层分类	二层分类	三层分类		四层分类
SJ 设计风险	设计过程控制风险 03	设计经验反馈风险	03	设计经验反馈重点问题落实风险
		图纸质量风险	04	设计图纸质量差风险
	设计输出风险 04	设计计划风险	01	01 设计计划合理性风险 02 设计计划按期完成风险
		设计变更风险	02	01 设计变更发布不及时导致现场返工 02 设计变更与设计文件不自洽导致现场无法执行 03 重大设计变更方案实施计划不明确
		设计开口项风险	03	01 设计开口项标识风险 02 设计开口项按期关闭风险
	设计管理架构风险 05	程序体系合理性风险	01	设计管理体系合理性风险
		程序体系执行性风险	02	设计管理程序执行风险
		程序体系一致性风险	03	法律法规、总包合同、业主程序、承包商程序一致性风险

续表

一层分类	二层分类	三层分类	四层分类
CG采购风险	采购进度风险 01	供设备按期供货风险 01	01 湿绕组主泵及配套件按期供货风险 02 反应堆压力容器及配套件按期供货风险 03 蒸汽发生器及配套件按期供货风险 04 堆内构件及配套件按期供货风险 05 控制棒驱动机构按期供货风险 06 TG 包设备按期供货风险
		机械设备按期供货风险 02	01 环吊按期供货风险 02 模块类物项供货进度风险
		泵类按期供货风险 03	01 MP08 正常余热排出泵按期供货风险 02 主给水泵按期供货风险 03 循环水泵按期供货风险
		电气设备按期供货风险 04	主泵变频器按期供货风险
		成套设备按期供货风险 05	01 SRTF 设备按期供货风险 02 海水淡化设备按期供货风险
		大宗物项按期供货风险 06	01 阀门按期供货风险 02 暖通和消防设备按期供货风险
		采购前期工作影响设备供货风险 07	采购合同签订、提资等采购前期工作滞后，影响设备开工及供货风险

续表

一层分类	二层分类	三层分类	四层分类
CG 采购风险	采购进度风险 01	设计影响设备供货风险 08	设计未固化影响设备制造进度风险
		仪控设备按期供货风险 09	01 安全级平台 IV&V 延期风险 02 机柜集成制造延误导致设备延迟发货风险 03 上游设计变更影响仪控工程实施风险 04 工程设计及工厂测试存在多次迭代风险 05 仪控接口提资滞后影响设计固化 06 完工文件准备不充分，包装发运不能按期完成风险 07 进口设备 / 部件采购受政策、疫情等因素影响不能按期到货风险
	设备质量风险 02	主设备质量风险 01	01 主泵及关键部件供货质量风险 02 蒸汽发生器及关键部件供货质量风险 03 反应堆压力容器及关键部件供货质量风险 04 主要管道类供货质量风险 05 堆内构件及关键部件供货质量风险 06 TG 包核心设备供货质量风险
		核燃料质量风险 02	首炉核燃料采购及供货风险
		成套设备供货质量风险 03	01 TG 包抽汽疏水器、油系统清洁度、汽缸螺栓孔清洁度等依托项目经验反馈落实不到位风险 02 MS20 一回路取样系统设备包技术质量（系统功能实现）风险
		批量化物项供货质量风险 04	批量化物项供货质量风险

续表

一层分类	二层分类	三层分类	四层分类
CG采购风险	设备质量风险 02	仪控设备供货质量风险 05	01 机柜制造过程出现质量缺陷导致返工处理 02 基础设计、详细设计文件出现错误，导致设计回归返工 03 接口测试不充分 04 FT 测试未能覆盖全部技术规范要求 05 测试规程质量不高，导致测试不充分 06 供货商完工文件质量不高，不能满足验收要求
	技术研发风险 03	三新设备风险 01	01 屏蔽主泵样机试验未完成对产品泵生产、交付的风险 02 爆破阀技术及质量风险 03 三新设备风险 04 MP04 厂用水泵技术风险 05 人员闸门技术及质量风险 06 RNS 正常余热排出泵技术及质量风险
		EQ鉴定影响设备供货风险 02	EQ 鉴定影响设备供货风险
		仪控平台研发风险 03	01 仪控平台首次工程应用技术风险 02 安全级仪控平台鉴定试验风险 03 堆内外核测系统国产化研制风险 04 技术偏差处理风险 05 核级仪表国产化研发风险 06 仪控工程设计实施存在维修不可达风险
	采购管理风险 04	总包方采购管理风险 01	01 常规岛采购管理与监造管理风险 02 BOP 设备采购模式及质量管控方式风险
		核燃料采购管理风险 02	分供方之间涉及燃料零部件验收与组装制造问题协调管理的风险

续表

一层分类	二层分类	三层分类	四层分类
CG采购风险	采购管理风险 04	供应商设备管理风险 03	供应商项目设备管理风险
		物项供需管理风险 04	01 供需不匹配导致供货吃紧风险 02 施工需求提前造成供货吃紧风险
		物资管理风险 05	现场设备成品保护风险
		仪控管理风险 06	01 仪控项目各方接口关系复杂，协调管理不畅导致项目推进困难 02 技术问题决策流程长，久拖不决影响工程实施 03 分包仪控设备供货风险 04 项目人力资源不足与任务量不匹配风险
	采购政策风险 05	进口设备按期供货风险 01	01 进口设备因国外疫情影响供货进度风险 02 美国出口管制进一步升级风险
		设备国产化风险 02	国产化及HAF取证影响产品供货风险
		核监管风险 03	01 安全审查风险 02 核级仪控设备HAF601/604取证不能按期完成风险 03 核级仪控设备生产制造过程核监管风险

续表

一层 分类	二层 分类	三层 分类	四层分类
JA 施工风险	施工『新』应用风险 01	新技术应用风险 01	01 CA/CV 大型结构模块吊装变形风险 02 钢制安全壳（CV）贯穿件焊后热处理出现裂纹风险 03 钢制安全壳（CV）焊后热处理出现变形风险 04 屏蔽厂房 SC 结构整圈吊装风险 05 模块单板墙结构混凝土浇筑变形风险 06 环吊轨道安装变形风险 07 环形风管/临时风管与 CV2 整体吊装的变形风险 08 主蒸汽管道采用自动焊接质量风险 09 非能动罐（15 号罐）首次模块化施工，整体吊装风险 10 压力容器垫板加工工艺风险 11 SC 结构首次使用自动焊技术风险 12 主蒸汽管道贯穿件组合模块施工技术风险 13 M−019 高强度自密实混凝土首次使用风险 14 CV 各环段的吊装方案首次应用风险
		新设备应用风险 02	01 3600 吨大吊车首次吊装安全风险 02 大型结构模块专用吊具首次使用风险 03 重要专用工具的应用风险 04 蒸发器支撑力矩紧固风险 05 堆内构件均流板安装卡涩风险 06 稳压器支撑首次采用螺栓连接的安装风险 07 乏燃料格架首次引入风险 08 主泵选型未定带来的施工风险
		新施工单位应用风险 03	核电建设过程中引入新施工单位带来的风险

续表

一层分类	二层分类	三层分类	四层分类
JA 施工风险	建安安全风险 02	人员安全风险 01	01 施工安全管理人员配备、人员资质不满足要求风险 02 施工作业人员未经安全培训、授权从事作业的风险
		施工安全风险 02	01 坍塌风险 02 起重伤害风险 03 高处坠落风险 04 受限空间作业风险 05 触电风险 06 淹溺风险 07 物体打击风险 08 机械伤害作业风险 09 塔吊群塔作业风险 10 临时用电安全风险
		交通安全风险 03	01 施工现场车辆、人员交通安全风险 02 施工车辆车况风险 03 施工车辆司机人员风险
		消防安全风险 04	01 火灾风险 02 危险品爆炸风险 03 施工现场消防设施布置不满足消防要求风险 04 消防设施维护、保养不到位，造成消防设施失效的风险
		职业健康风险 05	01 施工现场风尘对作业人员造成健康损害风险 02 施工现场噪声对作业人员造成的健康损坏风险 03 施工现场油漆、防腐剂等化学有害物质对作业人员造成的健康损害风险 04 辐射安全作业风险 05 夏季高温天气中暑风险

续表

一层分类	二层分类	三层分类	四层分类
JA 施工风险	建安安全风险 02	环境管理风险 06	01 施工中产生的危废品未及时处理风险 02 施工中产生的废水、污水未经处理或处理不达标排放的风险 03 海域施工时对周边水域造成污染的风险
	建安质量风险 03	施工质量人员风险 01	01 施工质量管理人员配备、取证、授权不满足要求风险 02 施工特种作业人员资质不满足要求风险 03 施工作业人员未经操作培训、授权风险
		设备、材料质量风险 02	01 施工承包商乙供物项质量风险 02 施工材料误用风险 03 紧固件、支吊架供货、安装质量风险 04 设备、材料质量证明文件造假风险 05 混凝土性能质量风险
		施工工器具风险 03	01 计量器具未按期标定风险 02 计量器具使用精度选取错误风险
		施工技术风险 04	01 技术文件未充分消化、吸收、理解风险 02 技术人员技能、责任心不满足要求风险
		施工过程质量控制风险 05	01 压力容器主螺栓或其他重要螺栓卡涩风险 02 钢筋密集区域混凝土浇筑风险 03 混凝土浇筑时高精度埋件位置控制质量风险 04 仪表表计安装错误风险 05 大体积混凝土浇筑质量风险 06 法兰、焊缝渗漏风险 07 主管道焊接缺陷及组对超差风险 08 电缆端接错误风险 09 盘柜及精密设备安装风险 10 测量放线错误风险 11 冬施混凝土浇筑质量风险

续表

一层 分类	二层 分类	三层 分类	四层分类
JA 施工风险	建安质量风险 03	施工过程质量控制风险 05	12 冬施墙体砌筑质量风险 13 冬施防水卷材、涂料、油漆等施工质量风险 14 转动设备基础二次灌浆质量风险 15 混凝土浇筑外观质量风险
		成品保护风险 06	01 机械设备成品保护（容器充氮保护、转动部件油脂涂抹等）风险 02 管道及设备清洁安装、防异物控制风险 03 电仪设备成品保护风险 04 衬胶管道、法兰脱胶风险 05 衬胶设备冬期防冻不到位风险 06 已安装管道损坏风险 07 地下直埋物项损坏风险 08 接地铜缆安装后易被破坏风险 09 保温层被破坏风险 10 冬期室外充水管道防冻风险
	建安进度风险 04	设计文件交付风险 01	01 设计文件交付滞后风险 02 设计变更文件处理不及时风险 03 技术标准、规范文件升版风险 04 突发性设计变更风险
		物项采购到货风险 02	01 甲供物项采购到货滞后风险 02 乙供物项采购到货滞后风险
		施工计划制订风险 03	01 工期目标制定论证分析不足风险 02 各级进度计划间未留工期裕度，导致计划失控风险 03 设计、采购、施工、调试计划间接口不匹配风险
		施工资源保障风险 04	01 施工人力资源投入不足风险 02 施工单位人力工种不匹配风险 03 临建加工、预制产能不满足需求风险

续表

一层分类	二层分类	三层分类		四层分类
JA 施工风险	建安进度风险 04	施工资源保障风险	04	04 资金支付不到位风险 05 垂直吊装力能不足风险 06 施工临建场地不足风险 07 关键、特殊施工专用工具采购不及时、性能不稳定风险 08 混凝土原材料水泥、砂石供应风险 09 混凝土原材料粉煤灰供应风险 10 混凝土阻锈剂供应风险
		施工技术准备风险	05	01 施工技术准备滞后风险 02 经验反馈不到位风险
		行政取文滞后风险	06	行政取文滞后风险
		施工组织协调风险	07	01 土建、安装施工接口组织协调风险 02 工程阻工风险 03 总平规划不到位风险 04 总包单位分包合同边界不清晰、部分子项分包单位确定滞后风险 05 同厂址运营单位间的协调风险
	建安成本风险 05	施工索赔风险	01	承包商索赔风险
		工程延期成本风险	02	工程延期、成本控制风险

续表

一层分类	二层分类	三层分类	四层分类
TS调试风险	调试安全风险 01	调试隔离许可及工作票管理风险 01	01 试验负责人未持票开展工作 02 未移交设备误上电风险 03 仪控系统状态控制不足导致保护逻辑误触发风险、人员伤害风险 04 因交叉作业引发隔离失效风险 05 TOS试验期间试验区域管控失效风险 06 放射性区域作业放射性风险
		调试作业危险源辨识与控制风险 02	01 PGS系统漏气风险 02 核岛地坑溢水风险 03 海水淹没循泵房危险 04 仪控工控机感染病毒风险 05 调试各阶段PCM误触发风险 06 TOS系统闭锁信号错误风险
		调试危化品与化学品管理风险 03	危化品与化学品运输、存储、使用风险
		调试重大专项管理与实施风险 04	01 水压试验组织风险 02 大型汽轮机首次运行风险 03 旁排阀持续大幅振荡导致反应堆功率低于5%风险
		调试一般工业安全风险 05	01 临水作业期间溺水风险 02 密闭空间作业人员窒息风险 03 高温介质作业烫伤风险
		调试消防安全风险 06	油类介质作业火灾风险

续表

一层分类	二层分类	三层分类	四层分类
TS调试风险	调试安全风险 01	调试人员安全知识与技能不足风险 07	工作负责人超工单范围开展工作的风险
		风险预案与应急管理 08	机组正常运行时丧失最终冷源风险
	调试质量风险 02	调试QC管理风险 01	01 监督越点风险 02 单体调试质量失控的风险 03 系统遗留项未经审核直接关闭 04 承包商单体调试方案不完善风险 05 保护/逻辑/定值设置错误或失效
		调试文件控制风险 02	01 调试试验程序执行误改变机组状况风险 02 调试执行、试验记录不满足管理要求风险 03 试验程序与设计变更、调试大纲中的试验方法和验证不一致风险 04 总体试验、物理试验程序编制质量不高风险 05 工作文件使用错误风险 06 试验程序引用的参考文件非最新版本 07 调试程序编制质量不足风险
		调试防异物、成品保护管理风险 03	01 电机卡涩或卡死 02 一/二回路关键设备或管道存有异物风险 03 调试活动导致的异物引入风险 04 流致振动探测仪表脱落风险 05 冬季调试系统和临措结冰的风险 06 树脂泄露风险
		调试法规标准与监管要求变更风险 04	由于行业相关标准或监管规定升版对调试活动造成的影响

续表

一层分类	二层分类	三层分类	四层分类
TS调试风险	调试质量风险 02	调试人因管理风险 05	01 调试试验执行完毕后恢复不到位风险 02 误操作仪控设备导致设备损坏风险 03 堆芯仪表套管组件端接不当风险
		同行电厂经验反馈落实风险 06	01 试验造成机组扰动或者机组停堆停机风险 02 风险预控措施不具备操作性
	调试组织风险 03	组织机构及职责划分风险 01	01 调试隔离管理风险 02 单体调试范围职责不清风险 03 维修接口职责不清晰风险 04 移交遗留项未全部录入系统中进行跟踪 05 单体调试质量失控的风险
		调试人员培训与授权管理风险 02	01 对核测信号的处理流程掌握不足风险 02 对PCM的优先级逻辑和阀门信号化逻辑掌握不足风险 03 对停堆和专设触发逻辑掌握不足风险 04 对NuPAC平台硬件及通信原理掌握不足风险 05 堆芯仪表系统调试操作不当致设备损坏风险 06 GLM插拔操作不当损坏卡件风险 07 自动控制参数整定经验不足导致自动控制不满足验证准则风险 08 PLS机柜端接过程中烧毁通道保险 09 物理试验人员技能不足风险 10 专业技术应用能力欠缺风险 11 外委试验委托单位资质不足风险 12 单体调试分包商资质不足风险 13 维修人员技能不足 14 外部人员支持风险

核电工程项目风险管理手册

续表

一层分类	二层分类	三层分类	四层分类
TS调试风险	调试组织风险 03	人员配置及到岗风险 03	01 外委试验委托单位人力配置不足风险 02 调试人员工作安排不合理，人员疲惫风险 03 调试人员配备不足 04 维修队伍人力不足 05 试验值班人员配置不足 06 调试隔离办人力不足无法满足要求风险 07 调试人员储备不足对调试进度和质量影响的风险
		调试接口管理风险 04	01 移交前系统设备正式标牌挂设滞后风险 02 TOP/TOB 移交文件审查延误制约调试进度风险 03 调试实施期间，由建安方服务/支持的相关工作，沟通配合、协调不畅风险 04 设计变更、RFI 等传递不及时 05 调试信息管理系统中隔离接口开发滞后风险 06 调试与设计沟通问题风险 07 建安移交工作组织协调风险 08 移交组织不充分，检查人员不全 09 设计/技术类文件发生变更后存档及遗漏丢失风险
		调试规章制度管理风险 05	01 系统移交后设备运维不足风险 02 管理体系风险
	调试进度风险 04	调试计划管理风险 01	01 上下游计划不匹配风险 02 调试期间停水/停电/停气窗口安排风险 03 P6 软件给定权限不足风险 04 调试信息管理系统计划板块功能不可用风险 05 堆芯仪表系统调试窗口、人员安排不当风险 06 仪控平台软件升级风险

052

一层分类	二层分类	三层分类		四层分类
TS调试风险	调试进度风险 04	设计处理滞后风险及改进项	02	01 重大设计变更或缺陷问题处理对调试造成的延期成本风险 02 设计变更/缺陷管理管控不足风险 03 上游设计文件发布滞后风险 04 上游设计文件升版不及时 05 PXS系统ADS123级排放试验，缺少设计支撑材料，增加试验不合格风险
		采购处理及设备缺陷风险	03	01 DCS相关设备供货滞后影响调试的风险 02 厂家系统设备资料未及时提供、升版或提出澄清风险 03 系统电机及泵设备振动风险 04 常规岛/核岛阀门、管道设备泄漏风险 05 TOS关键仪控设备故障处理不及时风险
		系统移交及消缺滞后风险	04	01 TOP文件包移交滞后风险 02 移交一/二类遗留项消缺滞后制约调试进度风险 03 CAS空压机没有正式冷却水源的进度风险 04 核岛送冷风延误风险 05 部分系统移交滞后影响其他系统的调试风险 06 通风系统负压（或正压）试验滞后影响系统移交和设备保养风险 07 冷源不足，导致系统调试进度滞后风险 08 堆芯仪表系统相关设备安装滞后风险 09 堆外核仪表系统相关设备安装滞后风险 10 IITA电气检查记录提交滞后风险 11 正式通风空调系统不可用的风险 12 主控室不可用风险 13 建安移交滞后造成新增调试临措的风险
		影响风险 外部环境	05	01 厂用水不可用风险 02 除盐水可用滞后的风险

续表

一层分类	二层分类	三层分类	四层分类
TS调试风险	调试进度风险 04	监管部门制约风险 06	核安全局、监督站等重要节点释放风险
	调试技术准备风险 05	设计变更风险 01	01 试验程序编制过程中未考虑设计变更的风险 02 设计变更后调试验证不足风险 03 PXS 系统安注管线流阻试验不合格 04 蒸汽排放控制系统控制参数不匹配，需要变更风险
		新设备、新工艺风险（首堆） 02	01 汽轮机主汽调节阀单体试验方法不正确风险 02 NUPAC 平台设备首次应用风险 03 PMS 预运行试验响应时间测试小车国产化设备首次应用风险 04 国产化爆破阀测试工具首次应用风险 05 NuCON 新系统应用经验不足 06 棒控棒位系统国内首次开发投用新设备应用经验不足风险 07 湿绕组主泵首次启动试验风险 08 DCS 系统首次国内开发调试使用的风险 09 "六新"对调试的影响 10 220kV 首次涉网试验风险 11 EDS 系统并联蓄电池组首次应用和试验
		技术方案可靠性风险 03	01 首堆首三堆试验风险 02 主泵变频器调试的风险 03 堆芯仪表电缆回路性能不满足设计要求的风险 04 调试临时措施方案失效风险 05 油系统冲洗时间过长，导致系统调试进度滞后风险

续表

一层分类	二层分类	三层分类	四层分类
TS 调试风险	调试技术准备风险 05	调试物资管理风险 04	01 备品备件不足，导致系统调试进度滞后风险 02 工器具采购进度缓慢 03 工器具过程管理经验不足风险 04 易耗品、备品备件过程管理经验不足风险 05 临措管理风险 06 工器具使用错误风险 07 爆破阀点火回路测试装置配置不足风险 08 现场紧急需求物资不充分风险 09 堆芯仪表放大器卡件校准工具配置不足风险 10 IIS 调试专用工器具（测试电缆、测试箱）配置不足风险 11 ADS 试验物资采购风险 12 水压试验临措管理风险

第四章

核电工程项目整体管理领域风险管理

项目整体管理领域四层风险及常用应对措施清单

序号	风险编码	四层风险名称	风险描述	常用应对措施
XK 项目整体管理风险 –01 组织管理风险 –01 项目范围和规划风险				
1	XK 010101	厂址公用受限风险	厂址共用辅助、力能等设施，建设过程中需求冲突，存在协调困难等风险	1. 项目前期提前规划共用设施/子项需求，签订相关协议，明确责权关系 2. 建立沟通协调机制，定期跟踪/协调共用设施/子项建设情况 3. 任一方开工后，重新梳理明确共用设施、子项需求，评估偏差情况，必要时重新规划建设责任方
2	XK 010102	合同接口复杂风险	项目范围划分复杂，合同标段多，存在接口复杂风险	1. 在项目招标前期，充分评估项目范围，合理划分标段 2. 总包模式下，建议内化接口，由总包单位统一协调工作接口 3. 非总包模式下，尽可能减少分包，并加强综合协调
3	XK 010103	项目工期规划不足风险	对新堆型、新技术、新队伍等因素考虑不足，项目工期存在规划工期不足风险	1. 项目规划时，预留合理风险缓冲期 2. 合同签订时，预留合理的风险储备金 3. 开工前组织开展同行评估或沙盘推演 4. 必要时研究确定新的进度目标

续表

序号	风险编码	四层风险名称	风险描述	常用应对措施
4	XK 010104	承包商以包代管风险	合同进一步分包后，存在以包代管风险	1. 总包方组织机构应设置相应管理岗位，监督分包管理 2. 总包合同中约定分包管理要求 3. 明确管理界面与管理责任
5	XK 010105	管理边界不清晰风险	若项目规划、设计或合同未明确各方管理职责与边界，存在管理漏项或多头管理风险	1. 依据合同、法律法规等文件制定管理界面，梳理管理边界 2. 管理过程中定期开展监督、检查等工作 3. 建立协调机制，定期组织协调工作
6	XK 010106	工作范围不明确风险	若项目规划、设计或合同未明确各方工作范围，存在漏项或多头管理风险	梳理各子项管理划分，及时发现漏项与工作范围不明问题
7	XK 010107	标段多引发接口漏项风险	设计出图后，现场施工单位根据施工需求，会对设计标段进行再次划分，二次标段划分、标段复杂或涉及不同施工单位间接口时，存在漏项风险	定期梳理各单位间接口管理情况，谨防管理漏项
8	XK 010108	厂址冬季施工风险	部分项目厂址位于北方，冬季气温较低，部分工作（如混凝土浇筑）对环境温度存在议定要求，冬季存在施工降效或无法施工风险	制定冬施期施工方案，提前做好施工准备。尽量避免冬季施工环境要求较高的作业，避免出现返工

续表

序号	风险编码	四层风险名称	风险描述	常用应对措施
9	XK 010109	海工汛期施工风险	海工施工受汛期影响，汛期间海工施工降效，海工施工周期内存在跨多个汛期制约施工风险	1. 制订计划时考虑汛期因素，在天气条件较好的施工期，"紧密"安排施工工作 2. 制定汛期施工方案，提前做好施工准备
10	XK 010110	现场建安相关场地规划不足风险	现场土建和安装工作需要一定的材料临时存放场地、转运场地、预制场地等空间，因未提前提出场地需求，或技术准备完成度不足，等等，产生相关场地不足风险	总平面规划阶段结合设计工程量考虑建安场地需求，设计中预留相关场地。制订设备提资、反提资进度计划，留有一定余量的同时，严格监督执行
11	XK 010111	项目涉密工作管理风险	核电项目尤其是示范首堆项目涉密信息较多、人员庞杂、现场复杂、管理要求高的显著特点导致保密管理和实施难度较大	1. 对项目各方及参与人员进行全面教育 2. 明确涉密信息及管理措施 3. 建立全覆盖的现场保密机制 4. 全面管理项目各类参与人员 5. 完善现场安全保密条件保障
12	XK 010112	项目概算不足风险	建设项目概算不足导致拖长建设工期，加大工程造价，造成项目建成后生产运营先天条件不足。主要原因有：项目前期准备不充分，设计深度不够，物价上涨及不可抗力因素，等等	1. 严格履行建设程序，做好前期准备 2. 提高设计质量 3. 加强对承包商单位的监管

续表

序号	风险编码	四层风险名称	风险描述	常用应对措施
XK 项目整体管理风险 –01 组织管理风险 –02 项目沟通与协调风险				
13	XK 010201	总包联合体组织实施风险	总包模式下,对分包管理不当,可能存在影响工程建设的四大控制目标风险	1. 制定项目管理大纲类文件,明确项目管理自责与分工 2. 总包合同中增加项目管理、分包管理相关要求
14	XK 010202	项目管理模式风险	工程项目管理模式多样,现运行机构是否为最佳方式,项目管理模式存在影响项目进度、投资的风险	根据项目情况,合理选用项目管理模式
15	XK 010203	总包方项目组织管理风险	总包项目组织管理情况直接影响项目的安全、质量、进度、费用目标,总包单位开展项目管理过程存在规划不当、接口不顺畅等风险,总包优势可能丧失的风险	合理规划项目管理接口,并在项目管理大纲中落实
16	XK 010204	总包项目职责分工风险	总包项目分为前、后台管理,项目设计、采购任务由项目部通过任务委托书委托后台设计管理中心、采购中心实施;项目建造、调试工作由项目部实施。现场对于设计、采购的管理方面存在风险	合同明确业主对总包项目职责分工的监管权限

续表

序号	风险 编码	四层风险 名称	风险描述	常用 应对措施
XK 项目整体管理风险 -01 组织管理风险 -03 项目组织机构和职责风险				
17	XK 010301	管理程序 承接风险	业主、总包、建立、分包间管理程序可能存在相互矛盾，没有上下承接的风险	1. 定期开展质保监督与程序自查工作 2. 各级程序发布前应组织相关方审查
18	XK 010302	项目管理 体系缺失 风险	项目未规划项目管理体系或各领域管理体系执行过程中未按体系执行，可能导致项目管理体系失效	制定项目进度管理体系。各领域按管理体系组织计划管理工作
19	XK 010303	接口协调 不顺畅风 险	缺乏有效沟通渠道，各部门 / 领域间存在接口间可能存在相关信息无法及时、准确、完成传递风险，接口工作不顺畅可能影响各领域工作开展	建立接口工作协调制度，规范协调机制、响应时间
20	XK 010304	组织会 议、报 告过多风 险	1. 建设阶段组织会议、报告过多，工作人员精力有限，存在影响具体业务工作开展风险 2. 报告整体规划不足，各部门 / 领域报告种类众多，缺乏系统性，导致管理层不能通过报告有效准确了解相关信息，存在影响决策风险	1. 统一规划项目报告及会议体系 2. 定期统计会议及报告情况，定期精简报告、会议
21	XK 010305	议定事项 落实不力 风险	已制定事项未能按期得到有效落实，导致工作落实不力	定期跟踪议定事项落实情况。参会人员及时传递议定事项

续表

序号	风险编码	四层风险名称	风险描述	常用应对措施
22	XK 010306	信息传递滞后风险	信息传递滞后，存在影响高层决策风险	1. 合同／程序约定信息传递流程与制度 2. 执行跟踪及考核制度
XK 项目整体管理风险 –01 组织管理风险 –04 人力资源风险				
23	XK 010401	承包商人力流失风险	由于行业待遇、秋收、春节等因素影响，施工及设备供应承包商存在人力流失风险	1. 调整薪酬待遇，人员待遇达到市场化水平 2. 改变利润关系，避免层层分包 3. 制定激励措施及适当人文关怀。提前识别流失风险，有针对性地采取留人措施
24	XK 010402	承包商未按计划动员风险	建设过程中存在承包商未按人力计划动员或人力动员计划与现场人力需求不匹配风险	1. 加强人力动员计划执行监督 2. 根据现场施工需求，定期滚动更新人力动员计划 3. 建立高层协调机制，定期开展协调、动员、考核工作
25	XK 010403	承包商技术及管理人员不足风险	承包商技术人员或管理人员不足将制约现场施工工作开展，存在进度、质量、安全风险	1. 制定管理人员规划，并按规划组织实施 2. 根据现场工作需求，定期完善规划情况
26	XK 010404	人员资质风险	部分工作由于其特殊性，对施工人员存在操作资质需求，各单位人力配置存在人员资质不满足需求风险	1. 制定管理人员规划，并按规划组织实施 2. 根据现场工作需求，定期完善规划情况

续表

序号	风险编码	四层风险名称	风险描述	常用应对措施
27	XK 010405	培训不到位风险	新进场人员若培训不到位,存在安全、质量、进度风险	1.制定培训流程及标准 2.严格培训成果考核,制定考核标准
28	XK 010406	培训计划与工作计划不匹配风险	由于核电建设特点,人员进场后存在较长时间的培训与考证周期,不能立刻投入实际工作,仅按人力动员计划开展人力动员存在与工作计划需求不匹配风	对于培训时间或考证周期较长工种提前规划入场计划
29	XK 010407	管理方人力不足风险	随着工程进展,存在业主方、总包方、监理方等管理方人力配置不满足进度需求风险	制定全周期人力规划。根据现场需求,定期更新人力规划
30	XK 010408	人力规划缺失风险	全周期人力、全工种人力规划不足,导致工作人力与实际业务不匹配风险	1.根据项目进度计划,适当加载人力(工种)资源 2.制订全周期人力资源计划
31	XK 010409	关键岗位人员经验不足风险	首堆或在建机组,关键岗位人员经验不足风险	1.对于关键岗位配置丰富从业经验人员 2.做好同类项目经验反馈,定期开展工作培训 3.提前做好人力规划,按规划组织经验丰富人员入场
32	XK 010410	供方资质不足风险	合同招标及合同执行过程中存在供方资质不足或资质降级风险	招标时选取合格供方。管控过程中密切跟踪实施情况,不满足时及时更换

续表

序号	风险编码	四层风险名称	风险描述	常用应对措施
XK 项目整体管理风险 –01 组织管理风险 –05 外部风险					
33	XK 010501	政策变化风险	国家政策变化可能导致的不确定性风险	1. 密切跟踪政策变化，及时应对 2. 建立相应决策机制，以便发生后快速应对 3. 合同约定中考虑明确责任划分
34	XK 010502	标准法规变化风险	核电建设周期长，存在建设期间标准法规升版导致设计变更风险	密切关注标准法规变化情况，及时评估对工程影响。在合同中约定处理责任分工
35	XK 010503	行业环境变化风险	核电由于其特殊性，行业密切关联，任一核电项目出现安全生产重大事故 / 事件，将对全行业项目产生不可预估风险	1. 做好政策研判，提前做好应对工作 2. 做好经验反馈工作，制定本项目改进工作
36	XK 010504	不可抗力风险	1. 存在地震、海啸等不确定自然风险 2. 存在疫情发生等不可抗力制约工程建设风险	1. 厂址规划时，选取自然灾害较少地区。从设计方面，提高安全性能 2. 按照保守决策思路，制定应急预案 3. 制定激励 / 补偿措施，发生不可抗力后帮助承包商快速恢复项目相关工作
37	XK 010505	金融危机风险	金融危机可能导致项目中标企业破产等风险，无法履行项目合同关系	1. 开展经济形式研判 2. 从合同中约定控制措施

续表

序号	风险编码	四层风险名称	风险描述	常用应对措施
38	XK 010506	通货膨胀风险	通货膨胀可能导致购买力下降，存在导致项目投资成本增加风险	从合同中约定控制措施
39	XK 010507	外汇风险	项目涉及较多的进口设备与材料采购，当国际市场汇率波动剧烈时，买卖差价会增大，对项目投资控制带来不利影响	从合同中明确外汇波动范围超出限定值时采取措施，包括固定汇率、调整合同价格等。集团层面建立相应的财务公司，通过风险对冲等方式降低风险影响
40	XK 010508	贸易战风险	国际贸易形势紧张将导致项目进口设备、材料等供应受到影响，进口物项存在无法满足工程需求的风险	积极推动国产化工作。对受影响物项加紧跟踪，必要时驻场建造，协调供货进度、质量满足工程需求
41	XK 010509	战争、恐怖袭击风险	由于核电站的重要性，根据国际形势，存在战争、恐怖袭击风险	1. 从核电设计上加强安全性能，如防飞机撞击等 2. 地方或周边配置相应的保卫力量
42	XK 010510	行业竞争风险	国内在建机组全球首位，合格供应商、建设单位有限，同期在建机组资源分配差异，存在行业竞争风险	提前规划资源需求，制订人员/资源计划，按计划组织动员工作。考虑制定激励措施，保障项目建设资源
			XK 项目整体管理风险 -02 计划管理风险 -01 计划体系风险	
43	XK 020101	进度计划管理体系失效的风险	进度计划管理体系因施工单位技术准备不充分等原因导致原定计划工期无法实现，施工单位	施工单位须深度开展技术准备工作，在编制合同计划时，充分考虑工程量、施工难度、资源

续表

序号	风险编码	四层风险名称	风险描述	常用应对措施
43	XK 020101	进度计划管理体系失效的风险	不再按进度计划管理体系进行管理	保障等因素，保证合同计划合理可行。当原定计划工期无法实现时，不能在进度计划管理体系外另起炉灶，应通过采取有效措施，逐步回归原定计划目标要求或调整进度计划
44	XK 020102	主次关键路径出现较大滞后，存在各级计划不能有效指导计划实施的风险	计划执行过程中存在滞后较大，无法有效指导现场施工风险	做好工程三级进度计划的梳理、优化和修订。必要时调整进度目标
XK 项目整体管理风险 –02 计划管理风险 –02 计划编制风险				
45	XK 020201	计划安排未考虑节假日影响计划按期实现的风险	各级计划中已按相应的作业特点设置了相应的日历，但未考虑法定节假日对施工组织的影响，造成法定节假日期间不能按计划实施，导致出现进度滞后	1. 制订计划时应考虑春节等节日 2. 组织参建单位考虑春节加班或轮休方式减轻风险影响
XK 项目整体管理风险 –02 计划管理风险 –03 计划执行风险				
46	XK 020301	年度建安竣工文件移交计划完成的风险	现场子单位工程实体已完工，但纸质竣工文件仍不能按年度移交计划完成审查移交工作，多次延期	1. 合同/程序约定报送制度 2. 建立执行跟踪及考核制度

续表

序号	风险编码	四层风险名称	风险描述	常用应对措施
47	XK 020302	建安用大型工机具准备不足风险	现场土建和安装工作使用的大型工机具（如大吊车、重型塔吊等）因资金、运输、组装等原因，导致需要使用工机具时不具备条件	组织各建安单位，根据总体进度计划安排，编制大型工机具的需求计划，并在留有合理的运输、组装工期基础上，预留余量，严格监督计划执行。提前做好补充工机具预案，在发现大型工机具准备不足时，可随时启动预案，及时补充
48	XK 020303	调试前期的水、电、气系统不能满足调试需求但未决策采用临时措施的风险	调试前期的水、电、气相关系统因设备、协调、子项滞后等原因，存在不能满足调试需求，但未及时采用临时措施的风险	提前准备调试前期的水电气系统不满足调试需求的临时措施预案，确定临时措施所需工期和费用。根据现场施工进展情况，调整调试临时措施预案，及时决策
49	XK 020304	设备选型决策滞后影响长周期设备制造风险	启动长周期设备制造时，相关联设备的选型未做决策，或决策时间较晚，影响长周期设备制造	长周期相关设备采用包络设计和制造的方式，减少长周期设备制造对关联设备的提资要求。采用保守决策方式，选用相对成熟的关联设备，保证长周期设备制造不受影响
50	XK 020305	设计进度不满足工程需求风险	用于现场施工的图纸出图进度，不能满足现场需求，包括没有给现场预留足够的转化和材料准备时间的风险	设计出图进度计划的安排一般于现场需求提前6个月。现场建安单位准备充足的技术人员，能够及时完成图纸的转化和材料准备

续表

序号	风险编码	四层风险名称	风险描述	常用应对措施
51	XK 020306	设备提资、反提资不能满足设备供货需求风险	设备最终的定型，需设备厂家与设计院进行多轮提资、反提资以确定设备各项参数。若提资、反提资时间超出预计，则存在影响设备供货需求的风险	采用成熟量产设备，减少反复提资接口。制订设备提资、反提资进度计划，留有一定余量的同时，严格监督执行
52	XK 020307	关键设备供货滞后风险	部分关键路径设备供货滞后，存在制约现场关键路径按期实现的风险	1. 对关键设备安排人员驻场建造，跟踪协调供货质量及进度问题 2. 建立定期沟通协调制度，对于出现滞后问题设备，加紧催交，必要时考虑替代方案
XK 项目整体管理风险 –03 行政取文风险 –01 取文滞后风险				
53	XK 030101	项目土地权证办理延期风险	土地组卷报批需在项目获得核准后才能开展，相关文件需要报批，流程较长	积极与地方国土部门保持联系，争取政策支持；协调地方政府确定征地补偿原则，在土地预审阶段完成征地补偿，在项目核准后尽快开始土地组卷报批工作；关注预审文件有效期，提前开展延期工作
54	XK 030102	项目海域权证办理延期风险	用海申请需在项目获得核准后才能开展，相关文件需要报批，流程较长。在未取得海域权证前，海工工程不得开工，存在海工工程进度控制失控的风险	关注用海预审有效期，适时启动延期申请；协调地方政府确定海域赔付边界，一次性完成海域赔付工作，为后续用海申请做好准备；协调有关部委，密切跟踪；按照国家最新海域使用法规要求，确保用海施工设计合法合规

续表

序号	风险编码	四层风险名称	风险描述	常用应对措施

XK 项目整体管理风险 –03 行政取文风险 –02 准备不充分风险

序号	风险编码	四层风险名称	风险描述	常用应对措施
55	XK 030201	项目用地、用海与规划不符风险	项目在场址保护阶段，用地性质、用海性质与相关规划不匹配，需及时与有关部门沟通调整规划，如不及时调整会对项目实施造成较大影响	积极与有关部门沟通，及时规划调整，与项目后续用地、用海需求相匹配；启动高层协调，动用国家部委、集团公司等力量推动规划调整工作
56	XK 030202	对外接口协调风险	核电建设过程中涉及对外部门较多，存在大量接口协调事项，存在接口事项协调不畅风险	建立常态化协调机制，明确协调原则，保障协调通道畅通有效
57	XK 030203	项目进出线路协调风险	进出线路工程须与省网公司进行协调，并参与征地、规划、项目申请、设计、建设等工作，进出线路也将影响项目倒送电关键节点的顺利实现，对项目进度、成本影响巨大	积极与省网公司对接，按计划完成设计相关工作；积极与地方政府协调，按计划完成线路征地、规划及项目申请工作；按计划开展开关站施工

XK 项目整体管理风险 –03 行政取文风险 –03 政策变化风险

序号	风险编码	四层风险名称	风险描述	常用应对措施
58	XK 030301	项目核准风险	由于国内外核安全形式及国家核电发展政策原因导致项目未能如期核准，导致项目成本、进度控制目标全面失控	积极与国家有关部委对接，了解最新国家政策，适时重启项目申请工作；协调有关承包单位，做好项目申请文件准备工作
59	XK 030302	项目对外接口缺失风险	随着项目推进、公司业务扩展和地方行政监管要求等变化，将产生很	定期梳理项目对外接口清单，对于遗漏的接口及时指定部门进行对接，

续表

序号	风险编码	四层风险名称	风险描述	常用应对措施
59	XK 030302	项目对外接口缺失风险	多新的接口，如电站装料前需向民航、空军取得有关航路不经过核电站空域的有关文件，再如食品监督部门需对自建项目餐饮设施监督	保障接口与业务全覆盖；接口部门需积极与接口外部单位对接，定期梳理有关行政要求，按照要求执行报告、请示等工作
60	XK 030303	建造许可证取文风险	国际核电发展形势和国家核电发展战略的不确定性，可能会导致项目无法按计划核准，进而导致无法取得工程的建造许可证，导致项目里程碑等节点全面滞后、成本增加等风险	及时了解负责核准的部委政策；跟踪国家核安全局最新的核电政策方向，确保在具备条件的情况下及时取得建造许可证。协调公司内部相关部门，做好建造许可证申请文件的准备工作
61	XK 030304	运行许可证取证风险	国际核电发展形势、国家核电发展战略、国内舆情等不确定性因素的影响，可能会导致项目在获取运行许可证过程中受阻、延期，无法按计划取得运行许可证，导致项目里程碑节点滞后、成本增加风险	及时跟踪国家核安全局最新的核电政策方向，确保在具备条件的情况下及时取得运行许可证。协调公司内部相关部门，做好运行许可证申请文件的准备工作
XK 项目整体管理风险 –04 合同管理风险 –01 合同管理体系风险				
62	XK 040101	合同管理体系不完善风险	合同管理体系不完善，影响采购管理、合同管理工作实施	按照法律法规、集团公司制度及时修订、完善管理程序，确保各项工作开展有法可依

续表

序号	风险编码	四层风险名称	风险描述	常用应对措施
XK 项目整体管理风险 –04 合同管理风险 –02 采购管理风险				
63	XK 040201	采购遗漏、漏项风险	公司运行和工程建设过程中，发现遗漏物项、服务采购，影响具体工作开展	根据基建和生产项目立项、资金落实、设备制造、运输、安装周期、施工准备和工程进度各环节安排等情况，提前进行采购方案策划，及早编制采购计划，提高计划的预见性、及时性、准确性
64	XK 040202	采购方式选择错误风险，未严格执行物资采购管理制度要求	未按照国家法律法规、集团公司制度选择合适的采购方式	依法合规确定采购方式；严格按照国家招标投标法律法规要求，依法应公开招标的必须公开招标；严格限制非公开招标方式的使用
65	XK 040203	采购流程不合规风险	1. 采购过程不规范，影响采购结果，存在审计风险 2. 在招标过程中有的工作人员履职不到位，审核把关不严，导致评标过程中发生投标人"串标"、资质和业绩造假等问题	规范采购计划编制、采购需求申请、采购方案编制、定标和评审、合同谈判和签订流程，明确各节点负责人职责
66	XK 040204	未及时采购风险	采购计划编制不合理，未严格执行采购计划	1. 要求采购计划时间合理，满足建设、生产、生活进度要求，并预留充足的调研、立项及采购时间

续表

序号	风险编码	四层风险名称	风险描述	常用应对措施
66	XK040204	未及时采购风险		2. 对于增加计划外项目、取消计划内项目、增加采购项目估算金额以及其他属于实质性调整的情况，按照相应管理程序要求及时进行调整
67	XK040205	供应商管理风险	供应商存在不良行为，资质不满足技术规格书要求	1. 做好供应商入库、合格供应商清单维护、绩效评价等工作 2. 及时记录在招标采购和合同执行过程中供应商的不良行为和问题，对供应商严重不良行为和重大问题应及时向集团公司报告
XK 项目整体管理风险 -04 合同管理风险 -03 合同签订、执行风险				
68	XK040301	合同签订存在缺陷风险	1. 合同关键信息缺失，影响合同执行 2. 重大合同签署前未经决策会议审议 3. 合同管理不规范，存在审查不到位、合同文本不规范等情况	1. 起草合同时，合同必备条款应当包括合同双方的名称或姓名和地址、标的（规格、型号、数量或具体事项）、安全质量环保标准或要求、履行期限、地点方式、价款与支付方式或合作条件、双方权利与义务、违约责任、争议解决方式等 2.国家、行业有标准或规范文本的，应当结合实际予以借鉴或使用。集团公司有标准或示范合同文本的应当予以使用

续表

序号	风险编码	四层风险名称	风险描述	常用应对措施
69	XK040302	合同未严格执行风险	1. 先实施，后签署合同 2. 先签合同，后补合同审批程序 3. 供应商未严格执行合同	1. 合同应根据实际合理设置生效条件。合同正式生效前，不得实质履行；合同生效后，应全面按约履行 2. 合同执行部门负责合同的履行，保持日常联络，掌握合同履行情况，会同相关部门办理合同支付与结算，处理索赔与反索赔及日常管理，等等。对履行中出现的各种问题，应当及时协调处理并向商务法律部及相关部门报告。重大问题，应当及时向合同签订人报告。对于单价合同按照合同约定执行订单，合同订单需经商务法律部审核盖章后生效
70	XK040303	合同索赔、变更风险	合同执行过程中存在的变更、索赔	1. 索赔要以长远、综合利益为重，注重时效性；处理索赔时，应遵循"谁索赔，谁举证"原则，并注意证据的有效性；按照法律、法规、合同等规定开展索赔工作 2. 合同变更应符合法定或约定的形式及程序，原则上与原合同范围和标的无关的工作，不能以合同变更方式委托合同对方当事人开展

续表

序号	风险编码	四层风险名称	风险描述	常用应对措施
70	XK 040303	合同索赔、变更风险		3. 合同执行部门应加强合同履行的事前、事中控制，建立设计和技术变更授权制度，规范合同变更的业务基础。除非涉及重大安全质量问题或者可以为公司争取到明显效益，否则应尽可能减少设计和技术变更。合同执行部门应熟悉合同范围和标的，发出业务工作指令时，应分析是否会造成对合同的变更。合同对方接受指令后，认为造成合同变更的，应向甲方提出合同变更建议
71	XK 040304	合同费用未按时支付风险	供应商未及时提交支付申请，未及时办理支付	满足合同约定支付条件，及时发起支付审批流程，并跟踪支付审批进展；按照各级授权人实施不同级别的支付审批授权
72	XK 040305	合同执行纠纷	合同执行过程中双方对合同范围、价格、具体实施存在纠纷	1. 出现纠纷时，合同执行部门应当向合同签订人报告，并收集整理处理合同纠纷的文件和证据资料 2. 协商或和解不能达成一致的，合同执行部门应当与商务法律部确定代理人、应对方案等，并向合同签订人请示，

续表

序号	风险 编码	四层风险 名称	风险描述	常用 应对措施
72	XK 040305	合同执行 纠纷		在法律规定的时效期间内，按合同约定选择仲裁或诉讼方式解决纠纷 3. 合同纠纷进入诉讼、仲裁、执行等阶段的，按照集团公司法律纠纷案件管理办法及公司《法律事务管理》程序处理
73	XK 040306	合同验收 不满足要 求风险	合同成果不满足技术规格书要求	1. 各归口管理部门制定物项检查与验收管理、各类型服务验收管理程序以及各类型工程验收管理程序，明确验收过程中应遵循的验收标准、验收流程、验收审批层级等总体要求 2. 项目归口管理部门应按照公司相应验收制度并结合项目实际情况，在采购文件中明确项目具体验收要求 3. 项目具备验收条件后，项目归口管理部门按照采购文件、合同约定进行验收
74	XK 040307	合同履约 不满足要 求风险	合同履约不满足要求	1. 对于按规定需进行年度履约评价的合同，由商务法律部负责组织，自合同开始执行起，针对评价期履约情况开展评价，每年1月底前完成上一年度所有年度合同履约评价

续表

序号	风险编码	四层风险名称	风险描述	常用应对措施
74	XK 040307	合同履约不满足要求风险		2. 合同执行完毕后，商务法律部负责组织，针对整个合同期进行总体履约评价，总体评价的当年不再进行年度评价
			XK 项目整体管理风险 –05 信息文档风险 –01 网络安全风险	
75	XK 050101	网络安全可靠性风险	项目出现信息系统信息泄漏、数据丢失、系统停机、系统不可用等风险	1. 定期进行内外网应用系统监测，发现异常状态即时报告和处理 2. 做好网络边界管理。通过 WAF、IPS 等系统，加强对外网访问入口的监测 3. 完善升版网络安全事件应急相关程序，从制度上明确预防、预警、监测和处置阶段各项工作，并认真落实 4. 定期开展信息系统漏洞扫描和渗透测试，主动及时发现系统潜在风险，制定整改措施并落实
76	XK 050102	网络安全管理风险	项目网络安全管理体系无法支撑项目管理需要	1. 调研了解同行单位尤其是某核电网络安全管理方式和相关经验教训 2. 参考同行经验，组织相关部门开会，在程序上明确各相关部门网络安全相关职责

续表

序号	风险编码	四层风险名称	风险描述	常用应对措施
76	XK 050102	网络安全管理风险		3. 落实好信息系统建设"三同步"原则，在系统设计、建设和运行阶段做好系统网络安全规划、实施和监控
77	XK 050103	网络安全可用性风险	机房运行环境不满足要求，服务器、存储等设备出现故障，导致信息系统出现故障	1. 定期进行机房巡检，检查服务器、存储等设备状态及机房环境状态，发现异常状态及时报告和处理 2. 加强机房设备管理，定期更新服务器等设备开关机手册，根据手册正确进行开关机操作 3. 采购信息设备维保服务，遇到故障即时维修，减轻故障带来的负面影响
XK 项目整体管理风险 –05 信息文档风险 –02 信息化项目建设风险				
78	XK 050201	系统建设规划风险	信息系统建设没有规划，造成重复投资，或不能按照实际需要进行系统建设	借鉴同行经验，按照项目管理实际需求进行信息化规划，明确各阶段系统建设的任务和范围，按规划有序开展信息化建设
79	XK 050202	系统建设应用不佳风险	应用系统建设完成后，经常变更或不使用，不能达到预期使用效果	1. 开展需求评估，从业务成熟度、需求紧迫性等维度对需求进行评估，不具备条件的系统开发需求不列入工作计划

续表

序号	风险编码	四层风险名称	风险描述	常用应对措施
79	XK 050202	系统建设应用不佳风险		2. 投用后开展试用阶段，收集试用意见 3. 对使用方开展应用培训 4. 定期统计系统应用数据
80	XK 050203	信息化项目采购及承包商选择风险	1. 因对市场估计不足等原因，导致项目采购出现承包商不足、资金不够等问题，导致项目采购出现反复，影响项目进度 2. 因调研不充分等原因，不能选择符合要求的承包商，不能按要求完成信息系统建设	1. 在市场调研时，从核电圈、市场业务圈组织多家承包商交流，做到对价格和质量心中有数 2. 在市场调研时，充分调研厂商的业务能力，已实施项目的实现效果，做好厂商分析工作
81	XK 050204	业务外包过程管理风险	信息系统建设过程中，以包代管、包而不管、管而不严，不能按合同约定建设符合要求的信息系统	1. 在信息系统建设过程中，充分参与到项目管理工作中，根据项目章程，明确双方的管理职责 2. 信息化项目建设中，严格执行合同要求，做好需求跟踪及与用户沟通协调工作，建设满足用户需求的系统 3. 项目组运行工程中，要对乙方进行严格管理，并充分调动业务部门人员参与系统建设

续表

序号	风险编码	四层风险名称	风险描述	常用应对措施
82	XK 050205	信息类资产风险	未建立信息类固定资产台账，或台账不准确，或没有文印外委的资产台账，没有对资产进行盘点，造成资产损失	1. 建立信息类固定资产台账，当产生资产更新时，及时更新固定资产台账，包括向财务更新数据 2. 建立文印外委的资产台账，对资产信息进行管理 3. 信息资产内部进行定期盘点，并配合财务对资产进行盘点，留好盘点记录
83	XK 050206	信息系统建设进度质量不满足需要风险	信息系统项目建设过程中，业务需求调研不充分、测试不充分等，影响系统建成进度和质量	1. 信息系统建设前，对标同行电站，梳理信息系统需求 2. 信息化项目建设过程中，参照项目管理程序，做好项目管理工作，厘清各项工作的职责，及时督促，保证工作进展 3. 项目实施过程中，定好项目范围边界，管理项目需求及变更
		XK 项目整体管理风险–05 信息文档风险–03 工程项目信息化风险		
84	XK 050301	总包方信息系统不满足项目管理需要风险	因业务流程调整等原因出现总包方信息系统功能与实际项目管理业务不符，部分系统功能不全面，影响管理效率与效果	加强工程信息化系统建设，业主做好监督业务流程变更与信息系统升级工作，做好协调管理，及时修改相关信息系统功能，确保线上线下一致

核电工程项目风险管理手册

续表

序号	风险编码	四层风险名称	风险描述	常用应对措施
85	XK 050302	现场信息基础设施建设运维安全风险	现场信息基础设施建设及维护过程中，出现人身及设备安全问题	1. 现场信息基础设施建设及运维过程中，遵守项目现场安全管理规定 2. 作业前进行安全交底，加强安全意识，保证施工安全 3. 高风险作业人员应具备相应资质 4. 现场信息基础设施做好标识，定期巡查，检查设备状态及环境状态

XK 项目整体管理风险 –05 信息文档风险 –04 文件控制风险

序号	风险编码	四层风险名称	风险描述	常用应对措施
86	XK 050401	误用过时文件风险	出现系统电子文件未及时更新、纸质受控文件未及时回收、文件版本控制不到位等情况，导致员工误用过时文件，影响业务工作开展，造成损失	1. 严格执行文件收发控制程序要求 2. 新文件及时录入文档管理系统，做好版本控制 3. 旧版纸质文件及时回收或作废处理 4. 开展文档监督检查，加强管控
87	XK 050402	文件提交进度与现场进度不匹配风险	项目过程文件提交不及时，影响现场工程使用，影响工作正常开展	1. 协调承包方按时发布工程文件索引（IED 清单），按照清单核对过程文件提交的及时性、完整性 2. 严格执行程序在规定时间内发送文件，定期核对收发文清单，确保文件无缺漏

续表

序号	风险编码	四层风险名称	风险描述	常用应对措施
全表标题				

XK 项目整体管理风险 –05 信息文档风险 –05 档案管理风险

序号	风险编码	四层风险名称	风险描述	常用应对措施
88	XK 050501	组卷归档风险	可能出现项目文件收集、归档提交及审查不及时，归档文件原件缺失、内容不完整、记录填写不规范等情况，影响项目档案的完整性、准确性、系统性和有效性，影响最终项目档案竣工验收	1. 结合子项移交计划制订文件归档计划并严格按归档计划执行，如不能按计划完成，需通过正式渠道进行反馈，加强问题跟踪管控 2. 管理程序中规范原件的相关要求，纸质案卷加强对原件的检查力度，不合要求，需采取一定的措施 3. 采取一定措施，如开展程序宣贯、文档专项培训、文档监督检查等加强文件过程管控 4. 程序中规范审查要求及审查时间，确保及时开展技术审查和档案审查，不出现延误；在案卷审查阶段，加强文件审查力度，案卷100%审查，保留审查记录，提出的审查意见和整改要求，需经提出方审核确认后才能最终关闭，确保案卷内容完整、准确、系统、有效

续表

序号	风险编码	四层风险名称	风险描述	常用应对措施
89	XK 050502	档案保管风险	由于库房管理措施未有效落实，导致存在文档库房起火、漏水、温湿度不达标等风险，影响档案实体安全；档案利用过程中也可能出现文件损坏、丢失等风险；信息系统内文档数据存在丢失、扩散等风险	1. 完善库房管理制度并严格执行；加强库房巡检包括设备和人员出入库登记管理，开展消防演练 2. 加强利用审批流程授权管理，规范文档借阅工作 3. 定期进行系统数据备份，落实公司信息安全相关管理要求，严格管理人员分级授权

第五章

核电工程安全领域风险管理

安全领域四层风险及常用应对措施清单

序号	风险编码	四层风险名称	风险描述	常用应对措施
AQ 安全领域 –01 管理风险 –01 管理体系风险				
1	AQ 010101	组织设置风险	1. 安全监督管理组织不健全，安全生产责任制不健全，例如未设置安全生产委员会、安全生产委员会中未设置第一负责人 2. 安全职责不清晰，例如未明确安全监督体系职责、部门安全生产管理人员责任制是否落实 3. 安全责任落实不到位，例如安全管理人员未定时进行安全督察，督察记录不齐备 4. 安全目标责任考核流于形式，导致对安全风险的监控管理不完善	1. 健全安全生产责任制，明确各岗位的责任人员、责任范围和考核标准等 2. 在安全生产委员会领导下，成立由工程公司项目部、施工承包单位相关人员组成的大型机械、脚手架、施工用电、文明施工、治安保卫、消防及交通等领导小组，负责安全管理事项的日常监督检查和管理工作 3. 安全生产管理部门定期对安全目标责任进行考核，使安全目标的制定落于实处
2	AQ 010102	组织设置风险（退役）	未成立企业关停（退役）管理组织，职责不明确，关停（退役）工作无法顺利开展，可能造成人员混乱，发生冲突与安全事故	1. 成立企业关停（退役）工作领导小组，明确统一指挥调度关停（退役）控制工作 2. 各部门根据职能分别负责相关关停（退役）事项
3	AQ 010103	人员配备风险	1. 安全管理人员配备不足，例如未按照人力资源规划执行	1. 企业及施工单位应按国家相关规定配备专职安全生产管理人员

续表

序号	风险编码	四层风险名称	风险描述	常用应对措施
3	AQ 010103	人员配备风险	2. 安全管理机构的人员资质不够, 不符合要求, 例如招聘人员标准不清晰, 选拔程序不严谨 3. 安全监督岗位职责不清晰, 职责考核流于形式, 导致安全生产监督不能落实	2. 应定期对各岗位安全生产职责履行情况进行检查、考核
4	AQ 010104	安全制度风险	1. 制度设计存在缺陷。安全生产责任制缺陷: 未按规定建立、健全安全生产责任制或未能明确企业各级领导、各职能部门、工程技术人员和现场生产人员在生产运营中应负的责任。安全管理制度缺陷: 未按规定建立、健全安全管理制度, 如职业病防护设施"三同时"管理、生产设备设施报废管理、隐患排查治理、应急管理、事故管理、安全培训教育、特种作业人员管理、安全投入、相关方管理、作业安全管理等。安全操作规程缺陷: 未按规定制定、完善安全操作规程, 如覆盖主要设备设施生产作业和具有安全风险的作业活动的安全操作规程等	1.明确安全生产责任制: 按规定建立、健全安全生产责任制或明确企业各级领导、各职能部门、工程技术人员和现场生产人员在生产运营中应负有的责任 2. 按规定建立、健全安全管理制度, 如职业病防护设施"三同时"管理、生产设备设施报废管理、隐患排查治理、应急管理、事故管理、安全培训教育、特种作业人员管理、安全投入、相关方管理、承包合同安全管理、作业安全管理以及女工保护制度、劳动保护用品、保健食品、职工身体检查等 3. 按规定制定、完善安全操作规程, 如覆盖主要设备设施生产作业和

续表

序号	风险编码	四层风险名称	风险描述	常用应对措施
4	AQ 010104	安全制度风险	2. 制度（文件）管理及考核缺陷。未按规定制定制度编制、发布、修订等制度，或未按照制度执行，如制度编制、发布、修订等过程不规范，制度（文件）试行、现行有效或过期废止标识不清，过期废止回收销毁等规定不明确，制度（文件）发布后宣贯、执行检查不到位；记录（台账、档案）的数量、格式、内容不明确，填写不规范，等等 3. 安全管理制度与国家法律法规的识别及融入不足	具有安全风险的作业活动的安全操作规程等，包括特种作业管理、重要设备管理、危险场所管理、易燃易爆有害物品管理、交通运输管理 4. 按规定制定制度编制、发布、修订等制度，并按照制度要求进行制度编制、发布、修订等，明确制度（文件）试行、现行有效或过期废止标识及过期废止回收销毁等规定，制度（文件）发布后及时进行宣贯、执行检查；明确记录（台账、档案）的数量、格式、内容等 5. 关注并研究最新政策法规，结合企业情况修订相关制度
5	AQ 010105	安全培训风险	1. 企业对职工的安全培训工作重要性认识不足 2. 未制订培训计划或培训计划不科学，培训针对性不强 3. 培训质量较差，未制定相应考核机制以提高培训质量	1. 建设、监理、设计、施工、调试单位应明确安全宣传教育培训主管部门或责任人，定期识别安全宣传教育培训需求，制订安全宣传教育培训计划并实施；应对外来人员可能接触到的危害进行告知，对应急处置方法和相关安全规定进行交底，做好监护工作，开展安全文化建设

续表

序号	风险编码	四层风险名称	风险描述	常用应对措施
5	AQ 010105	安全培训风险		2. 施工单位应对管理人员和作业人员每年至少进行一次安全生产教育培训。安全生产教育培训考核不合格的人员不得上岗 3. 施工作业人员变换工种、调整工作岗位、离岗 6 个月重新上岗、进入新的施工现场或采用"五新"施工时，应重新进行安全教育培训 4. 施工方须建立自己的安全培训档案，培训人员名单及相关的考试成绩须报业主报备
6	AQ 010106	安全投入风险	企业及相关方无法保证安全生产所必需的资金投入，未制订安全投入计划，未明确安全费用的使用标准和范围，安全监督部门未对安全费用使用情况进行监督检查，致使施工单位不具备安全生产条件，可能造成安全事故	1. 建设工程施工单位提取的安全费用列入工程造价 2. 企业制订安全费用使用计划，明确安全费用的使用标准和范围 3. 安全监督部门定期对安全费用的使用情况进行检查通报 4. 安全费用需要按规定标准和范围安排使用，不得挤占、挪用 5. 建立安全费用使用台账，台账应规范、细致、完整、准确

续表

序号	风险编码	四层风险名称	风险描述	常用应对措施
7	AQ 010107	监督检查风险	1. 安全检查不到位，频率较低，流于形式，等等，导致不能及时发现安全隐患 2. 施工方案审查不严格，对安全风险防护措施的科学性论证不充分，施工单位无施工方案就进行施工，可能导致施工安全隐患和安全事故 3. 事故隐患排查工作执行不到位，事故隐患治理不彻底，可能引发安全事故 4. 对于发现的问题未及时督促整改，对整改情况未进行检查，未追究关人员责任，导致相关人员对安全管理不够重视，事故频发	1. 实行业主、第三方机构检查，施工单位自查的多级安全检查模式，加大检查力度 2. 划分安全检查责任区，将安全检查责任落实到位 3. 明确检查重点，对危险性较大的分项工程制定专门的安全检查方案 4. 施工方案需要由项目部相关专业人员组织评审，根据方案的重要程度由相关部门领导、监理审批 5. 对检查过程中发现的违章行为、安全隐患等，必须当即制止，并依据性质给予批评教育、扣款处理等处罚 6. 实施闭环管理，追踪缺陷或隐患整改情况，根据整改结果对责任人给予奖惩
8	AQ 010108	"两票"管理风险	1. 实施风险较大作业前未申请工作票 2. 工作票和操作票填写不规范，审查不严谨；工作票审核不严格，安全措施落实不足	1. 严格执行"两票"规程，杜绝无票作业 2. 工作票、操作票书写规范，信息齐全 3. 工作票中各项审核正确无误

续表

序号	风险编码	四层风险名称	风险描述	常用应对措施
8	AQ 010108	"两票"管理风险	3. 作业完毕未确认安全状态，操作票执行过程中调度指令不明确、操作顺序有误、操作漏项、应做预演的未执行等情况	4. 安全监督部门定期检查工作票、操作票的执行情况
9	AQ 010109	许可证管理风险	实施风险较大作业前未申请工作许可证和行政许可证；许可证填写不规范，审查不严谨；许可证审核不严格，安全措施落实不足，作业完毕未确认安全状态；执行过程中调度指令不明确、操作顺序有误、操作漏项、应做预演的未执行等情况，可能导致发生安全事故，造成人员伤亡和财产损失	1. 严格执行许可证规程，杜绝无票作业 2. 工作许可证与行政许可证应书写规范，信息齐全 3. 许可证中各项审核正确无误 4. 安全监督部门定期检查许可证的执行情况
10	AQ 010110	安全考核风险	未制定安全生产目标，考核标准制定不合理，未定期对安全目标责任进行考核，使安全目标的制定流于形式	1. 企业应当明确和落实员工的安全责任，使在实际工作中责任清晰，各尽其责 2. 安全生产管理部门定期对安全目标责任进行考核，使安全目标的制定落于实处
11	AQ 010111	管理系统风险	未配套设置门禁、监控、巡检系统等并对项目的实施进行安全监控，不能有效降低安全隐患	企业应配套设置门禁、监控等安全管理信息系统，每年根据实际需求申请相关预算，合理安排安全费用的支出

续表

序号	风险编码	四层风险名称	风险描述	常用应对措施
12	AQ 010112	事故和应急管理风险	1. 安全事故应急预案不健全，缺乏应急预演，发生事故时信息上报流程不畅，无法有序开展应急处理，可能扩大事故影响，加大企业损失 2. 未对安全事故原因进行分析，对于发现的问题未及时督促整改，对整改情况未进行检查，未追究相关人员责任，导致相关人员对安全管理不够重视，事故频发	1. 制定安全生产应急预警机制，编制重大事故应急预案 2. 定期对应急预案进行预演，并对预案进行总结和完善 3. 发生安全生产事故时，按照应急预案进行处理，并查找问题，制定整改措施 4. 定期跟踪检查问题整改情况，不断完善应急预警机制
13	AQ 010113	职业健康管理风险	未明确职业健康监督管理的审批程序和职责划分，未按国家、地方政府规定进行职业病危害因素检测，未对员工进行职业健康监护和建立职业健康监护档案，监控员工健康情况	1. 规范职业健康监督管理，明确职业健康监督管理的审批程序和职责划分，企业应定期对作业场所职业危害进行检测，在检测超标区域设置醒目标识牌予以告知 2. 依法为员工提供符合国家规定的劳动安全卫生条件和必要的劳动防护用品，对从事有职业危害作业的劳动者应当定期进行健康检查 3. 企业应按照有关规定做好健康管理工作，预防、控制和消除职业危害，例如对可能发生急性职业危害的有毒、有害工作场所，应设置报

续表

序号	风险编码	四层风险名称	风险描述	常用应对措施
13	AQ 010113	职业健康管理风险		警装置，配置现场急救用品，设置应急撤离通道和必要的泄险区 4. 定期对员工进行非职业性健康监护，对从事有职业危害作业的员工进行职业性健康监护
14	AQ 010114	采购管理风险	1. 对供应商审查不到位，能力评估不足，责任界定不充分，导致外包单位承担工程项目能力不足，产生安全风险 2. 对生产设备及安全物资的验收标准不明确，验收程序不规范，对验收中存在的异常情况不做处理，可能存在安全隐患，导致安全事故	1. 严格审核招标文件，明确对供应商安全资质的要求，明确安全技术要点 2. 按招标文件要求对供应商资质进行审查，关注供应商安全资质和以往业绩 3. 在合同中明确供应商的安全施工责任，明确安全问题的追责方式 4. 制定明确的采购验收标准，严格按照验收程序执行
15	AQ 010115	外委管理风险	1. 外委单位安全生产资质审核不严格，外委施工单位能力不足，为后期生产埋下了隐患，引发安全问题 2. 外委单位管理混乱，外委施工单位管理、技术、操作人员素质较低，专业操作技能偏低等一系列问题间接诱发各类安全事故	1. 确认外委单位的安全资质和能力 2. 按规定签订安全协议，或在劳动、租赁合同中约定各自的安全生产管理职责等 3. 对外委人员进行安全教育、监督管理

续表

序号	风险编码	四层风险名称	风险描述	常用应对措施
16	AQ 010116	合同风险	责任界定不充分，未在合同中明确对供应商的安全施工要求，导致出现安全问题，无法追责，造成公司损失	在合同中明确供应商的安全施工责任，明确安全问题的追责方式
17	AQ 010117	方案审查风险	施工方案审查不严格，对安全风险防护措施的科学性论证不充分，导致开工后面临安全隐患和安全事故	1. 聘请专家或第三方机构协助审核《施工方案》 2. 制定安全风险应急机制
18	AQ 010118	核安全管理风险	未按照国家法律法规要求，建立核安全管理机制，导致核设施、核材料的破坏、损坏和盗窃，或导致对核设施、核材料及相关放射性废料未采取充分的预防、保护、缓解和监管等安全措施，发生核事故	1. 按照法律、行政法规和标准要求，设置建立核安全管理体系，设置核安全管理部门，有效防范技术原因、人为原因和自然灾害造成的威胁，确保核设施安全；建立并实施质量保证体系，有效保证设备、工程和服务的质量，确保设备的性能满足核安全标准的要求 2. 建立核安全管理制度，加强核文化安全建设 3. 有规定数量、合格的专业技术人员和管理人员 4. 建立起对核设施周围环境中所含的放射性核素的种类、浓度等监测机制以及完善的核事故应急响应机制

(内容略)

续表

序号	风险编码	四层风险名称	风险描述	常用应对措施
18	AQ 010118	核安全管理风险		5. 加强对核设施、核材料的安全保卫工作，建立完善核安全保卫制度，采取相应的措施，防范对核设施、核材料的破坏、损坏和盗窃
		AQ 安全领域 –01 管理风险 –02 招投标风险		
19	AQ 010201	招标文件编制风险	招标文件编制不合理，审核不严格，技术部分不全面，缺少对安全的要求，导致无法筛选优质供应商	委托具有相应资质的招投标代理机构代理招投标事项
20	AQ 010202	供应商资质审核风险	1. 对供应商审查不到位，能力评估不足，责任界定不充分，导致外包单位承担工程项目能力不足，产生安全风险 2. 在签订合同时，未在合同中明确供应商的安全职责及安全问题追责方式等	1. 严格审核招标文件，明确对供应商安全资质的要求，明确安全技术要点 2. 按招标文件要求对供应商资质进行审查，关注供应商安全资质和以往业绩 3. 在合同中明确供应商的安全施工责任，明确安全问题的追责方式
		AQ 安全领域 –01 管理风险 –03 集体决议风险		
21	AQ 010301	集体决议风险	1. 投资决策前未做专项风险评估，或风险评估不全面、不科学，或未将风险评估信息纳入投资决策参考范畴，可能导致决策程序违规、投资决策失误	1. 企业应明确投资项目风险评估要求，出具投资专项风险评估指引，依据投资项目类型，梳理风险清单，明确风险评估模型，指导企业开展此项工作

续表

序号	风险编码	四层风险名称	风险描述	常用应对措施
21	AQ 010301	集体决议风险	2. 投资项目决策未按规定的权限和程序进行，可能导致企业投资决策呈现出随意、无序、无效的状况 3. 投资项目发生重大变更时，未及时采取相应措施，导致企业利益受到严重损害	2. 明确投资项目决策者对投资业务的授权审批方式、权限、程序和责任 3. 企业按照职责分工与审批权限，依循规定的程序对投资项目进行决策审批，决策者应与项目立项提出者适当分离。重点审查投资项目立项是否可行、投资项目是否符合投资战略目标和规划、是否具有相应的资金能力、投入资金能否按时收回、预期收益能否实现，以及投资和并购风险是否可控等 4. 评审中实行集体决策制度，重大投资项目应当报经董事会或股东（大）会批准 5. 与有关被投资方签署投资协议 6. 投资项目发生重大变更时，重新进行可行性研究与分析，并履行相应的审批程序
			AQ 安全领域 −01 管理风险 −04 验收风险	
22	AQ 010401	竣工验收风险	竣工验收不严格，未对工程进行全面审查，未能有效识别资料的真实性，导致对工程安全性	1. 委托有资质的安全评价机构对安全设施试生产情况进行安全评价

续表

序号	风险编码	四层风险名称	风险描述	常用应对措施
22	AQ 010401	竣工验收风险	评估不准确,影响后期生产安全	2. 积极准备材料,开展安全设施竣工验收工作,确保达到相关部门要求
23	AQ 010402	退役验收风险	1. 退役实施活动不符合退役验收标准,导致验收失败 2. 退役验收资料不完整或不真实	1. 严格按国家及当地政府要求及报批方案进行实施工作:厂址内所有构筑物或建筑全部搬离或拆除至距地面一定深度以下;厂址内所有路面、停车场、地下设施等全部拆除并搬离;所有废物(包括放射性及非放射性)全部移除;退役过程中受污染的地面土壤在进行明确标识的基础上全面修复至达标水准;厂址状态符合宣告核电厂运行许可证终结的各项管理及技术要求 2. 退役活动完成时,按照国家法律框架,保存好相应记录 3. 与供应商签订合同中,明确约定拆除验收的要求及追责方式
24	AQ 010403	拆除验收风险	拆除不符合关停(退役)验收标准,导致验收失败	1. 严格按国家及当地政府要求及报批方案进行拆除工作 2. 与供应商签订合同中,明确约定拆除验收的要求及追责方式

续表

序号	风险编码	四层风险名称	风险描述	常用应对措施
AQ 安全领域 –01 管理风险 –05 支持性文件风险				
25	AQ 010501	支持性文件风险	未取得支持性文件，例如土地、安全、资源使用、环评等相关文件，可能导致项目不符合安全要求，造成无法立项	制订相关工作计划，充分准备支持性文件的相关材料，获取项目相关的支持性文件
AQ 安全领域 –02 人因风险 –01 作业风险				
26	AQ 020101	厂房施工作业风险	主要涉及高空作业风险，脚手架搭拆风险，施工用电风险，土石方开挖、回填风险，爆破作业风险，工艺技艺风险，起重作业风险，受限空间作业风险	1. 对施工单位进行审核，确定建立了安全生产责任制，进行了安全宣传教育活动 2. 加强安全监督，定期对施工单位安全生产情况进行监督检查，发现问题督促整改，监督检查内容包括安全管理体系、安全例行工作、安全技术管理、安全防护和专项检查、单项施工作业检查、现场文明施工管理、持证上岗等内容 3. 确保施工单位在施工前对项目进行了综合分析，针对项目施工的特点指出危险点和重要控制环节与对策，明确作业方法、流程及操作要领，根据人员和机械（机具）配备，提出保证安全的措施，针对现场条件，提出安全防护

续表

序号	风险编码	四层风险名称	风险描述	常用应对措施
27	AQ 020102	高处作业风险	1.防护措施不到位，架子搭设质量把控不严、架子脱落，工作人员经验不足、操作不当，作业人员身体健康状况不适宜从事高空作业，高处作业安全装备质量不合格，等等，造成人员高空坠落 2.交叉作业时，高空落物伤人	标准，并提出出现危险及紧急情况时的针对性预防与应急措施 4.机械操作人员应按规定经过专业培训、考试合格，持证上岗 5.爆破作业单位应取得"爆破作业单位许可证"，并在相应等级和作业范围内从事爆破作业 6.施工用电设施应由电气专业人员进行安装、运行、维护，作业人员应持证上岗，施工用电运行、维护人员作业前应熟悉作业环境，正确佩戴、使用合格电工劳动防护用品
28	AQ 020103	基坑作业风险	1.基坑开挖及使用期间边坡发生渗漏，导致边坡坍塌或局部失稳 2.深基坑开挖采用无支护放坡开挖时易发生基坑边坡滑移，由于边坡土体承载力量不足，致使边坡失去稳定发生事故 3.当基坑边坡位移、涌水涌砂、坍塌、失稳易造成地面开裂、坍塌 4.在施工中出现软土地区，边坡稳定性差，支护结构嵌固端变形大，基坑基底存在软弱的弱透水层，其下分布有承压性的地下水情况时易发生基底隆起 5.在深基坑施工中出现地下水位高并未降水或降水不到位，或者因故突然停止降水及溶洞发育地区多发生承压水突涌	

续表

序号	风险编码	四层风险名称	风险描述	常用应对措施
29	AQ 020104	焊接切割作业风险	1. 焊接切割作业经验不足,焊接设备外壳漏电,焊接时未佩戴安全防护装置,容器内焊割没有安排外部监护人员,容器内切割与焊接同时进行发生爆炸,等等,造成人员伤亡 2. 焊接切割作业焊接二次线接头裸露,切割时产生火花,切割操作不当,等等,造成设备损坏,产生安全隐患 3. 焊工未持证上岗,产生安全风险	
30	AQ 020105	受限空间作业风险	1. 未定时监测 2. 触电危害 3. 防护措施不当 4. 通道不畅 5. 监护不当 6. 应急设施不足或措施不当 7. 设备内遗留异物 8. 机械伤害 9. 隔绝不可靠 10. 通风不良 11. 作业人员被封闭	
31	AQ 020106	起重吊装作业风险	1. 起重设备的操作人员无证上岗或不按照相关的操作规程执行,操作起重重大物件时,未安排专人负责指挥	

续表

序号	风险编码	四层风险名称	风险描述	常用应对措施
31	AQ 020106	起重吊装作业风险	2. 起重作业时操作不当，高空落物伤人 3. 遇到有雨、大雾及 6 级以上大风时，违规进行作业 4. 起重作业中断或停止时，未断开动力源等 5. 起重作业经验不足、违规操作，超载吊物，现场未设置警示区，机器设备故障、未设置防护措施，吊物坠落，等等，造成人员伤亡	
32	AQ 020107	动火作业风险	1. 存在易燃易爆有害物质 2. 火星窜入其他设备或易燃物侵入动火设备 3. 动火点周围有易燃物 4. 泄漏电流（感应电）危害 5. 火星飞溅 6. 气瓶间距不足或放置不当 7. 电、气焊工具有缺陷 8. 作业过程中，易燃物外泄 9. 通风不良 10. 未定时监测 11. 监护不当 12. 应急设施不足或措施不当	

续表

序号	风险编码	四层风险名称	风险描述	常用应对措施
33	AQ 020108	转动设备作业风险	1. 误操作电、汽源产生误转动，危及检修作业人员的生命和财产安全 2. 设备（或备件）较大（重）时，安全措施不当，发生机械伤害	
34	AQ 020109	水上水下作业风险	作业操作不规范，作业人员精神状态不佳，未佩戴防护装置，未对船舶等设备进行检查进行水上水下作业，可能造成人员触电、淹溺等安全事故	
35	AQ 020110	临时用电作业风险	1. 作业环境不符合要求 2. 误操作，接触运转或带电 3. 接触带电部位 4. 电线接头、接线柱等裸露带电 5. 作业过程中，误送电 6. 工具使用不当，未使用绝缘工具 7. 电气绝缘失效 8. 线路负荷超限	
36	AQ 020111	交通运输安全风险	1. 疲劳驾驶、无证驾驶、超速驾驶、场地限制、违规操作等造成交通安全事故 2. 运输单位资质不符合标准，运输过程中违规操作导致运输过程中设备组件损坏	

续表

序号	风险编码	四层风险名称	风险描述	常用应对措施
37	AQ 020112	火灾、爆炸风险	1. 电气事故、违规操作、生活用火不慎、自燃及人为纵火等造成火灾 2. 施工用电气设备、照明短路、化学物品未妥善存放等造成爆炸 3. 拆除作业前设备中的易燃易爆物未清理干净，作业时造成人身伤害	
38	AQ 020113	爆破作业风险	1. 起爆前检查不严格，操作不当，产生安全隐患 2. 未设置爆破警戒线、爆破信号，爆破器材质量不合格，爆破作业不规范造成人员伤亡 3. 未实施爆后检查或检查不严格，导致不能发现危险源，引发安全事故 4. 未执行"三联系制"，盲目起爆	
39	AQ 020114	施工用电风险	1. 未编制专项技术方案或有方案未经审核批准 2. 外电防护措施缺乏或不符合要求 3. 接地和接零保护系统不符合要求 4. 不符合"三级配电二级保护"要求，导致防护不足 5. 带电作业无人监护	

续表

序号	风险编码	四层风险名称	风险描述	常用应对措施
39	AQ 020114	施工用电风险	6. 作业人员无证上岗 7. 对作业人员无安全技术交底 8. 停电作业时未挂警示牌 9. 私拉乱接电源	
40	AQ 020115	土建基础工程风险	土建基础工程包含爆破作业、土石方开挖、桩基及地基作业、混凝土施工，若未制定施工方案可能造成安全隐患或安全事故	
41	AQ 020116	工艺风险	安装工序不对、安装不牢固等造成设备运行期出现安全隐患或安全事故	
42	AQ 020117	设备安装风险	设备安装主要涉及高空作业风险、起重吊装作业风险、焊接切割风险、用电作业风险、工艺技艺风险、交通安全风险、交叉作业风险	1. 开展安全分析：安装作业负责人在作业开始前，组织作业人员开展工作安全分析，作业人员清楚了解到存在的主要风险和控制措施；制定安全策划，并组织人员学习，进行人员分工，确定指挥人 2. 安装准备：包括技术准备、安装工具准备 3. 制定并学习设备安装安全注意事项
43	AQ 020118	汽轮机系统安装风险	汽轮机、燃机系统安装主要涉及高空作业风险，起重吊装作业风险，火灾、爆炸风险，运输作业风险，施工用电风险	
44	AQ 020119	电气专业安装风险	安装主要涉及高空作业风险，起重吊装作业风险，火灾、爆炸风险，	

续表

序号	风险编码	四层风险名称	风险描述	常用应对措施
44	AQ 020119	电气专业安装风险	交叉作业风险，进入受限空间作业风险，施工用电风险	
45	AQ 020120	其他辅助系统安装风险	主要涉及金属检测作业风险、焊接切割作业风险、交通安全风险、施工用电风险	
46	AQ 020121	汽机系统调试作业行为风险	汽机系统调试主要涉及高处作业风险、火灾爆炸风险、用电作业风险、预热器润滑油系统调试等动火作业风险、转动设备作业风险等	1. 调试前制定科学的调试方案，包括调试的类型、人员的分工、调试的分布安排等 2. 作业人员需要严格按照调试方案执行 3. 调试时，划分危险区域，设置防护装置 4. 按要求穿戴防护用品 5. 组织培训增强作业人员的安全意识
47	AQ 020122	热控系统调试作业行为风险	热控系统调试主要涉及高处作业风险、用电作业风险、动火作业风险、转动设备作业风险等	
48	AQ 020123	化学系统调试作业行为风险	1. 化学系统调试主要涉及高处作业风险、用电作业风险、酸碱作业风险、动火作业风险等 2. 接触化学药品的作业人员缺乏专业知识	
49	AQ 020124	电气系统调试作业行为风险	电气系统调试主要涉及高处作业风险、用电作业风险、动火作业风险、转动设备作业风险等	

续表

序号	风险编码	四层风险名称	风险描述	常用应对措施
50	AQ 020125	运行作业风险	1. 未制定科学合理的试运行方案,存在安全隐患 2. 未按照试运行方案、规程执行,违规操作 3. 未穿戴防护用品、设置防护措施	1. 编制科学的试运行方案,特别是针对危险化学品的储存,应当在试运行前将方案报负责建设项目安全许可的安全生产监督部门备案 2. 按照试运行方案执行,在试运行期间在满负荷条件下对安全设施由具备资质的机构进行检测,并出具报告,特种设备检测出具报告后,到指定单位办理注册使用证 3. 试运行期间要按照要求穿戴防护用品、设置防护措施
51	AQ 020126	停水、电、风、暖作业风险	主要涉及起重作业风险、高处作业风险、焊接切割风险、用电作业风险、工艺技艺风险、交通安全风险、交叉作业风险	1. 作业人员须严格按照操作规程执行,不得违章操作、违章指挥,若出现此类行为,以通报或罚款方式进行处罚 2. 佩戴符合要求的安全防护用具,作业人员应穿工作服、戴工作帽及手套;配备必要的防尘口罩等防护用品 3. 设置好防护装置,使用挡板等防护设施,防止物料飞出伤人;装卸、运输过程中使用挡尘设施,保证粉尘不外扬

续表

序号	风险编码	四层风险名称	风险描述	常用应对措施
51	AQ 020126	停水、电、风、暖作业风险		4. 作业场所应该设置警示标示；无关人员不得进入作业区域
52	AQ 020127	乏燃料移除作业风险	乏燃料移除作业不当，出现放射性扩散，存在安全风险	1. 将乏燃料组件转运出堆芯及乏燃料贮存水池，确保移除厂房内的主要放射源（被活化的设备除外），以便后续退役活动的开展。乏燃料组件应通过乏燃料运输容器外运，乏燃料组件可直接运往专门的暂存设施或场所，送至乏燃料的后处理厂进行处置 2. 作业人员须严格按照操作规程执行，不得违章操作、违章指挥，若出现此类行为，以通报或罚款方式进行处罚 3. 佩戴符合要求的安全防护用具，作业人员应穿工作服、戴工作帽及手套；配备必要的防尘口罩等防护用品 4. 作业场所应该设置警示标示；无关人员不得进入作业区域
53	AQ 020128	拆除作业风险	1. 拆除涉及起重作业风险、高处作业风险、焊接切割风险、用电作业风险、工艺技艺风险、	1. 对施工单位进行审核，确定建立了安全生产责任制，进行了安全宣传教育活动

续表

序号	风险编码	四层风险名称	风险描述	常用应对措施
53	AQ 020128	拆除作业风险	交通安全风险、受限空间作业风险、交叉作业风险等多种作业风险 2. 核安全相关的拆除作业活动不满足核安全要求与目标，不满足技术规格要求，导致安全事故，造成经济损失	2.加强安全监督，定期对施工单位安全生产情况进行监督检查，发现问题督促整改，监督检查内容包括安全管理体系、安全例行工作、安全技术管理、安全防护和专项检查、单项施工作业检查、现场文明施工管理、持证上岗等内容 3. 确保施工单位在施工前对项目进行了综合分析，针对项目施工的特点指出危险点和重要控制环节与对策，明确作业方法、流程及操作要领，根据人员和机械（机具）配备，提出保证安全的措施，针对现场条件，提出安全防护标准，并提出出现危险及紧急情况时的针对性预防与应急措施 4. 要求佩戴符合要求的安全防护用具，作业人员应穿工作服、戴工作帽及手套；配备应急救援器材；配备必要的防毒面具、防毒口罩等防护用品；辐射控制区作业须带上检测放射性的个人计量剂

续表

序号	风险编码	四层风险名称	风险描述	常用应对措施
		AQ 安全领域 –02 人因风险 –02 技术风险		
54	AQ 020201	技术准备不足风险	1. 生产工艺选择、设备选型、建设标准等不符合安全标准，未配套建立防火防爆系统、监控检测设施等，可能无法充分保障建设及运营阶段的安全要求，存在安全隐患 2. 对安全生产技术发展趋势预估不准确，可能导致新项目运作不久面临被淘汰的风险	1. 聘请外部专家和第三方机构，加强对可研报告的评估，保证既符合国家安全标准，又能充分保证建设、运营阶段的安全要求 2. 委派具有相关资质的单位对拟选址地区的水文、气象、地震、工程地质等进行评估
55	AQ 020202	征地、拆迁工作风险	征地方案或拆迁工作方案编制不合理、审核不严格，导致不能充分保障征地、拆迁、建设及运营阶段的安全	聘请外部专家和第三方机构，加强对征地工作、拆迁工作方案的评估，保证既符合国家安全标准，又能充分保证建设、运营阶段的安全要求
56	AQ 020203	五通一平施工风险	施工方案审查不严格，对安全风险防护措施的科学性论证不充分，施工单位无施工方案就进行施工，可能导致施工安全隐患和安全事故	施工方案需要由项目部相关专业人员组织评审，根据方案的重要程度由相关部门领导、监理审批
57	AQ 020204	初步设计风险	对厂区的设计未包含安全职业卫生原则，不能满足防火、抗震、防爆、防烫伤及高温、防 X 射线等安全要求，产生安全隐患，导致人员伤亡和财产损失	1. 选择符合资质要求的供应商进行初步设计，保证厂区设计能满足相应的安全要求；核设施设计应当符合核安全标准，采用科学合理的构筑物、系统和设备参数

续表

序号	风险编码	四层风险名称	风险描述	常用应对措施
57	AQ 020204	初步设计风险		与技术要求，提供多样保护和多重屏障，确保核设施运行可靠、稳定及便于操作，满足核安全要求 2. 借助专家及以往经验充分评估项目可能面临的安全问题以及相应措施的科学性
58	AQ 020205	退役方案编写风险	编写的退出方案不科学，未考虑生产停运安排，未考虑人员安置安排，未考虑资产处置时对危险品处置，等等，造成安全隐患	1. 充分收集国家及当地政府的相关政策法规要求，方案的编写要考虑全面 2. 退出方案包括三个方面的内容：生产系统停运方案，资产处置方案，人员安置方案。需要加强对方案的评估，保证既符合国家安全标准，又能充分满足关停（退役）阶段的安全要求
59	AQ 020206	退役策略选择风险	未根据核电厂特点选择科学合理的退役策略，导致拆除施工时存在安全隐患	退役策略的选择须考虑许多因素，包含但不限于：国家政策和法规、国内退役技术情况、厂址地理位置和未来使用用途、公众接受度、退役资金、环境危害等。在有合适的最终废物处置厂址或中间废物暂存设施来处理并处置低放和其他中高放废物以及退役资金充足的条件下，

续表

序号	风险编码	四层风险名称	风险描述	常用应对措施
59	AQ 020206	退役策略选择风险		可考虑实施立即拆除的退役策略
60	AQ 020207	退役计划编制风险	未按照 IAEA 导则和标准及国家法律法规要求，在核电厂设计阶段开始编制退役计划，未及时完善丰富退役计划，导致退役活动开展时存在安全隐患	1. 按照 IAEA 导则和标准及国家法律法规要求，退役计划应在核电厂设计阶段开始编制，随着核电厂的运行、改造、扩建等，不断地定期（如 5 年）补充、修改完善退役计划，直至退役活动开始 2. 退役计划内容丰富，设计范围较广，包括退役的策略选择、退役技术、退役流程及活动、退役费用、组织机构及其责任、项目筹资、质量保证、环境保护、辐射安全等。对应核电厂全寿期的不同阶段，退役计划分为初步计划、中期计划和整体计划，每个计划在内容上逐步深入、详细
AQ 安全领域 –02 人因风险 –03 意识风险				
61	AQ 020301	安全意识淡薄风险	由于员工安全意识淡薄，如员工未认真参与安全培训，未严格按照要求穿戴防护装置，连续进行简单而重复的作业，麻痹大意可能发生事故伤害	1. 安全培训课程结束后，员工需要通过安全知识技能测验，拿到作业许可证才能上岗 2. 因员工意识薄弱产生事故，进行教育、罚款等方式处置，如对不

续表

序号	风险编码	四层风险名称	风险描述	常用应对措施
61	AQ 020301	安全意识淡薄风险		按规定佩戴劳动用品、上岗证的上岗人员，实行批评教育，并责令其整改，对屡教不改的人员，将对本人及其负责人采取罚款、停岗或列入黑名单等措施处理
		AQ 安全领域 –02 人因风险 –04 身体素质风险		
62	AQ 020401	身体素质风险	1. 长时间连续工作造成身体严重疲惫，或连续进行简单而重复的作业，麻痹大意也可能发生事故伤害 2. 感冒发烧或身体某些部位正在恢复当中进行上岗作业，很有可能发生意外事故，应严禁身体不适者进行危险作业 3. 若作业人员情绪低落，受其他事件影响，思想不集中，或思想过于激进，不听指挥，冒险作业，或由于刚开始上岗作业，情绪特别紧张，均有可能发生意外事故	企业要在员工施工前、施工过程中按要求安排体检： 1. 施工前严格检查作业员工的身体状态，如避免出现传染病，避免高血压心脏病患者参与高空高危作业，等等 2. 施工过程中，项目负责人要定时巡视作业现场，检查作业人员的状态，避免员工在身体状态不佳情况工作；若发现有状态不佳的情况，要求立即停止作业，采用谈心、教育等手段稳定情绪，如达不到效果清除现场，并做好记录 3. 企业须定期安排体检，重点检查职业病患病情况，有针对性地对施工一线易患疾病进行预防
		AQ 安全领域 –03 环境风险 –01 作业环境风险		

核电工程项目风险管理手册

续表

序号	风险编码	四层风险名称	风险描述	常用应对措施
63	AQ030101	作业现场管理风险	1. 作业环境未达到作业要求，如作业现场未实施封闭式管理，现场物料的存放不满足要求，等等，产生安全隐患 2. 未对一些作业产生的有害因素如粉尘、毒物、噪声、高温等进行处理 3. 作业时未对现场进行6S管理，现场杂乱，未达到标准化要求，存在安全隐患	1. 制定管理规范，明确作业现场的管理规定，确保各项工作顺利开展 2. 通过穿戴防护用品、使用防护装置等措施对现场的有害因素进行防护管理
64	AQ030102	作业围挡风险	1. 施工现场围挡不连续，有缺口 2. 围挡材质不坚固、高度不符合要求 3. 雨后、大风后未对围挡进行检查，造成安全事故 4. 出入口未设置专职门卫、保卫人员，管理制度不完善，导致财产损失	1. 对作业区围挡情况进行定期检查巡视，确保无缺口、无损坏 2. 建立门卫值守管理制度，配备值守人员 3. 日常严格对进入人员进行检查，确保非相关人员无法进入生产区域
65	AQ030103	作业场所规划风险	1. 作业现场没有安全通道，工作场所间隔距离不符合安全要求等引发安全隐患或安全事故 2. 作业报废物资未按指定专区存放，产生安全隐患	1. 准备阶段严格审核施工单位提交的《施工方案》，确定设有安全通道，工作场所间距及规划符合安全要求 2. 日常检查中发现作业场所规划不合理的情况，及时提出并整改

续表

序号	风险编码	四层风险名称	风险描述	常用应对措施
66	AQ 030104	作业环境风险	作业环境照明不当、通风换气差、道路交通存在缺陷、机械噪声等造成人身伤害	对现场作业环境严格按国家标准进行设计、施工，施工人员应穿戴防护用具，做好自身防护
AQ 安全领域 –03 环境风险 –02 政策环境风险				
67	AQ 030201	地方政策风险	对国家安全政策及地方性政策解读不准确，对最新政策要求不了解，对政策的变化趋势预估不准确，导致建设的项目不符合安全政策要求，造成监管处罚，影响企业形象。随着国家或地方对相关行业的要求不断变化，若未对政策缩紧的趋势或放开的趋势预估准确，最终会导致建设的项目不符合安全政策要求，造成监管处罚	1. 项目建设前，充分收集、研究国家及地方性安全政策，评估安全监管趋势，以便更加准确地研读、传导政策，并及时引导企业按照政策法规制定企业自身的战略规划 2. 积极关注立法机关、行政机关对有关政策做出的有效力的解释
68	AQ 030202	土地政策风险	对国家土地政策解读不准确，对最新政策要求不了解，对政策的变化趋势预估不准确，导致征地、拆迁方案偏离国家政策要求	聘请外部专家和第三方机构，加强对土地征用报告的评估，保证既符合国家安全标准，又能充分保证建设、运营阶段的安全要求
69	AQ 030203	地方政策风险	国家关于相关产业规划、淘汰关停（退役）不达标机组政策、淘汰落后产能标准等的不确定性对公司关停（退役）机组产生诸多影响，	1. 设置专职人员负责收集国家政策，主动评估未来监管趋势，提前确定应对策略 2. 淘汰落后产能等政策文件下达后，积极与

续表

序号	风险编码	四层风险名称	风险描述	常用应对措施
69	AQ 030203	地方政策风险	在评估不充分的情况下可能导致关停（退役）（退出）决策判断错误	当地政府保持沟通，上报符合标准的机组信息
AQ 安全领域 -03 环境风险 -03 项目选址风险

AQ 安全领域 -03 环境风险 -03 项目选址风险

序号	风险编码	四层风险名称	风险描述	常用应对措施
70	AQ 030301	厂址勘探风险	1. 对建厂的厂址普选不科学，未考虑到建设的地质、地震、气象、水文、环境和人口分布要求等，导致项目的开展存在安全隐患 2. 厂址勘测信息未经过专家评审，可能导致勘测信息有误或未发现压矿、地下文物等情况，导致项目的开展存在隐患 3. 厂址普选忽视当地社区、当地政府及环境受牵连的周围地区（例如：河流下游）社区或政府的态度，导致项目开展后因安全问题纠纷难以实施的隐患 4. 对可能发生的自然灾害的影响程度评估不准确，导致项目开工受自然灾害影响，发生安全事故	1. 聘请外部专家和第三方机构，加强对厂址普选报告的评估，包括对地质、地震、气象、水文、环境和人口分布等因素进行科学评估。摸底调研当地及周围地区社区及政府对项目的态度 2. 在满足核安全技术评价要求的前提下，向国务院核安全监督管理部门提交核设施选址安全分析报告，经审查符合核安全要求后，取得核设施场址选择审查意见书，保证既符合国家安全标准，又能充分保证建设、运营阶段的安全要求

AQ 安全领域 -03 环境风险 -04 社会环境风险

序号	风险编码	四层风险名称	风险描述	常用应对措施
71	AQ 030401	征地、拆迁风险	1. 征地、拆迁前未做充分调研，宣传不到位，导致当地人员对征地拆迁存在抵触心理	1. 积极配合政府部门，做好补偿资金的及时拨付

序号	风险编码	四层风险名称	风险描述	常用应对措施
71	AQ030401	征地、拆迁风险	2. 被征地、拆迁对象对安置方案、征地、拆迁补偿到位情况等不满意，阻挠征地、拆迁，造成冲突或人员伤亡 3. 暴力拆迁导致冲突或人员伤亡	2. 选择拆迁经验丰富的优质供应商，通过合同约定转移部分风险 3. 及时评估征地、拆迁风险，制定应对措施 4. 承担剩余征地、拆迁风险
72	AQ030402	用电风险	关停（退役）方案不完善，未对后续用电进行规划，或未充分评估方案的可行性，可能导致当地大规模或局部停电	编制关停（退役）方案时应做好调研，充分评估当地电场分布、供电状况以及末端电网对电源的需求量，确保用户用电稳定性
73	AQ030403	治安风险	关停（退役）未制定人员妥善安置方案，未充分评估其可行性，可能导致社会动乱，影响治安稳定性	1. 收集并解读国家及当地政府与人员安置相关的政策法规 2. 对内充分调研，做好民意评估，了解人员安置需求 3. 拟订人员安置方案并充分征求意见
AQ 安全领域 -03 环境风险 -05 自然灾害风险				
74	AQ030501	季节性与特殊环境施工风险	针对夏季高温、多雨、多雷电及高寒地区等气候特点，各施工单位未从组织领导、物资准备、技术措施、应急管理等各方面制定特殊气候条件下安全施工方案，导致工程安全生产不能顺利进行，导致人身伤亡及财产损失	1. 针对项目施工的特点指出危险点和重要控制环节与对策，明确作业方法、流程及操作要领，根据人员和机械(机具)配备，提出保证安全的措施，针对现场条件，提出安全防护标准，并提出自然灾害发生以及紧急情况时的针对性预防与应急措施

续表

序号	风险编码	四层风险名称	风险描述	常用应对措施
74	AQ 030501	季节性与特殊环境施工风险		2.重视自然灾害的预测、预报、预防工作，以尽可能地减少损失 3.建立完善的项目预警体系、危机事件报送审批流程和应急预案 4.通过购买商业保险（包含地震险、台风险等），降低灾害发生时的损失
75	AQ 030502	防洪度汛风险	1.未健全防洪度汛预警机制，未对气象及水情状况进行有效监测，导致灾害发生时不能做出有效及时的应对措施，造成安全事故 2.未设置充足的防汛防洪装置，如沙袋、抽水机等，灾害来临时不能有效应对，造成安全事故	1.雨季时做好抗洪的思想准备及沙袋、篷布、抽水机等物资准备 2.建立应急预案，定期进行应急演练，确保灾害发生时能有效应对 3.建立健全防汛防洪安全预警机制，实时关注气象情况及水情状态，气象或水情异常时及时采取应对措施，发布预警，避免安全事故，降低财产损失 4.定期进行防汛防洪知识宣贯，提高员工防汛意识
AQ 安全领域 –04 设备风险 –01 作业设备风险				
76	AQ 040101	设计缺陷故障风险	作业设备或工具存在设计缺陷或故障，如未按规定配备必需的设备、设备选型不符合要求、	1.作业人员在使用设备时，要加强检查，严格按照操作规程作业，发现问题要及时向领导及

续表

序号	风险编码	四层风险名称	风险描述	常用应对措施
76	AQ 040101	设计缺陷故障风险	设备警示标示不齐全等，导致安全事故	有关管理人员反映，不操作有问题的设备器具 2. 正确使用、保养和维修设备，使设备处于完好技术状态，如在施工起吊作业前，须对施工设备的安全限位、安全限重进行核实，对钢丝绳滑轮组以及相关的吊具进行检查等 3. 作业设备、工具须经过查验符合要求后采用，经常检查如外脚手架的设置情况，发现不安全因素需要及时整改加固
77	AQ 040102	违规带病操作风险	1. 作业中设备不符合实际作业要求，违规操作设备或设备带"病"工作，可能造成人员伤亡 2. 维修保养不当，导致设备失灵，引发安全事故	1. 对施工单位进行审核，确定建立了安全生产责任制，进行了安全宣传教育活动 2. 严格审查外包单位安全生产资质，在合同中约定双方责任以及作业设备的配备要求 3. 加强安全监督，定期对施工单位设备安全情况进行监督检查，发现问题督促整改 4. 所有作业设备、工具应经常性清洁、润滑、紧固、调整，不超负荷和带病工作。建筑机械管理人员需要定期对施

续表

序号	风险编码	四层风险名称	风险描述	常用应对措施
77	AQ 040102	违规带病操作风险		工现场的设备进行严格检查，对于检查出来的不合格设备应该维护或检修，避免对作业人员造成伤害
78	AQ 040103	防护装置缺失风险	1. 无防护、保险、信号等装置缺乏 2. 防护不当，防护装置未在适当位置 3. 未使用防护装置，如坑井、孔洞、陡坎、土方开挖区、高压带电区、重点防火防爆区未设围栏（墙、网），盖板及明显标志或防护装置出现问题发现不及时，不能预防安全隐患，出现安全事故	1. 正确使用安全装置，不能贪方便、图省事而不采用。工作中要切实做到"四有四必"（即有轮必有罩，有台必有栏，有洞必有盖，有轴必有套） 2. 定期对设备防护装置进行检查，对损坏、缺失的及时修补替换 3. 巡检人员对设备防护装置发生情况进行记录并报告，及时进行整改落实 4. 随时检查各种孔洞临边的防护措施情况，因施工需要拆除防护，应在施工后及时恢复
79	AQ 040104	防护用品缺失风险	施工现场未配备安全防护用品、消防器材、应急救护设备设施，或配备不足，可能导致发生安全事故，造成人员伤亡和财产损失	1. 企业要根据本单位的生产工艺流程和作业环境，为员工配备合适的劳动防护用品，制定劳动防护用品使用规定 2. 制定上岗管理规定，检查上岗人员安全防护措施状况，严禁无防护措施上岗

续表

序号	风险编码	四层风险名称	风险描述	常用应对措施
79	AQ 040104	防护用品缺失风险		3. 巡检人员对员工作业情况进行安全检查，确保安全作业 4. 制定个人防护用品登记制度，对防护用品进行记录检查
80	AQ 040105	试运行设备损坏风险	试运行设备、工具等损坏或存在缺陷引发安全事故	成立试运行小组，在试运行开始前对设备进行检查和修缮，确保试运行安全进行
AQ 安全领域 –05 物料风险 –01 物料状态风险				
81	AQ 050101	物料混放风险	由于施工过程中使用的物料不稳定，保存不当，易燃易爆品未单独存放，发生爆炸，等等，造成安全隐患或安全事故	1. 物料购入时，须安排专业人员对物料进行检查验收，不合格物料应退场处理 2. 物料统一管理，专库专储，进出库做好台账登记，定期盘点 3. 制定物料使用检测流程，对不稳定物料在使用前进行检测，以确保物料正常使用 4. 制定安全操作规程，用于指导危险物料使用和相关物料处置；安全管理人员需要定期对施工现场的物料进行严格检查，对于检查出来的不合格物料应该及时没收处理，避免对施工人员造成伤害

核电工程项目风险管理手册

续表

序号	风险编码	四层风险名称	风险描述	常用应对措施
81	AQ 050101	物料混放风险		5. 定期组织学习物料管理、运输、使用安全知识，提高作业人员安全意识
82	AQ 050102	易燃易爆、危险品风险	1. 易燃易爆、危险品放置不规范，特别是电解槽中大修渣的处理，未在指定区域存放 2. 易燃易爆、危险品存放环境不良，造成泄漏或爆炸等事故 3. 对易燃易爆、危险品处理错误	1. 生产和管理危险物品的工作人员，应熟悉危险品的特性，防火措施及灭火方法 2. 贮存危险物品应按性质分类，专库存放，并设置明显的标志，注明品名、特性、防火措施和灭火方法，配备相应的消防器材。性质、灭火方法相抵触的物品不能混存 3. 性质不稳定，容易分解变质引起燃烧、爆炸的物品，由保管人定期进行检查，并有检查记录，防止自燃爆炸 4. 易燃易爆物品的包装、容器应完好无损，如发现破损、渗漏，必须立即进行安全处理 5. 存放易燃易爆物品的地点，应配备品种数量充足的消防器材，并经常处于良好状态 6. 装卸和使用易燃易爆、危险品应遵照安全操作规程，并穿戴防护用具

续表

序号	风险编码	四层风险名称	风险描述	常用应对措施
83	AQ 050103	废料处理风险	1. 由于生产营运剩余物料如液氮、柴油、酸碱、高压氢气、二氧化碳、工业油等不稳定，拆除施工使用的物料如易燃易爆品未单独存放，发生爆炸等造成安全隐患或安全事故 2. 放射性废物等危险废弃物保存不当，存在安全隐患	1. 生产和管理危险物品的工作人员，应熟悉危险品的特性、防火措施及灭火方法；贮存危险物品应按性质分类，专库存放，并设置明显的标志，注明品名、特性、防火措施和灭火方法，配备相应的消防器材。性质、灭火方法相抵触的物品不能混存；装卸和使用易燃易爆、危险品应遵照安全操作规程，并穿戴防护用具 2. 产生、贮存、运输、后处理乏燃料的单位应当采取措施确保乏燃料的安全，并对持有的乏燃料承担核安全责任 3. 严重按照操作规程进行相关物料运输、处理 4. 放射性废物应当实行分类处置：低、中水平放射性废物在国家规定的符合核安全要求的场所实行近地表或者中等深度处置；高水平放射性废物实行集中深地质处置，由国务院指定的单位专营。核设施营运单位、放射性废物处理处置单位应当对放射性废物进行减量化、无害化处理与处置，确保永久安全

续表

序号	风险编码	四层风险名称	风险描述	常用应对措施
AQ 安全领域 −06 土建施工风险 −01 混凝土浇筑风险				
84	AQ 060101	泵车操作风险	泵送臂随泵车甩动，易撞伤周边作业人员	1. 强化混凝土泵车作业全过程的安全管控 2.认真开展现场 JSA 辨识工作，并确保有效执行 3. 各方责任主体必须落实相关人员现场监督旁站工作，确保安全技术专项方案有效执行
85	AQ 060102	模板支撑风险	1. 未按规范要求搭设支撑架，使用不合格支撑架材料 2. 脚手架支撑体系不稳固，导致浇筑过程中发生坍塌	1. 材料进场时，应对承重支撑架搭设的钢管、扣件等主要材料取样送检，材料合格后方可进行搭设 2.搭设前，应对作业班组进行详细书面安全技术交底，围绕企业和项目落实模板工程"五个必须"，针对下列问题（包括但不限于）开展监督检查： ①必须编制专项施工方案。方案编制人是否为相关专业人员，方案是否依据规范标准编制且具有针对性和可操作性 ②必须按规定审批或论证。方案审批人是否为企业技术负责人，论证后修改的方案是否再次

续表

序号	风险编码	四层风险名称	风险描述	常用应对措施
85	AQ 060102	模板支撑风险		审批；相关单位和人员是否按照要求进行签字盖章 ③必须进行安全技术交底。交底人是否为负责项目管理的技术人员，接受交底人是否为班组全员并签名留证 ④必须按专项方案施工。是否按照方案流程施工，措施是否落实到位；是否出现方案和实际不符的"两张皮"现象 ⑤必须经验收合格方可进入下道工序。参加验收人员组成是否符合有关规定要求；验收是否量化，验收签名等是否记录在档
86	AQ 060103	操作平台坍塌风险	1. 操作平台存在整体稳定性差的结构缺陷 2. 用于组织操作平台的结构存在明显构造缺陷	1. 材料进场时，应对操作平台的构件、钢结构等主要材料取样送检，材料合格后方可使用 2. 规范承包商管理、施工资质管理、施工技术与安全管理工作，做好高风险作业专项施工方案、高处作业防护措施等内容的审查工作

续表

序号	风险编码	四层风险名称	风险描述	常用应对措施
AQ 安全领域 –06 土建施工风险 –02 材料卸货风险				
87	AQ 060201	材料卸货风险	钢筋、钢管或钢结构等物项在卸货过程中，因挂钩松动造成脱落	1. 工件或吊物必须由持证起重工进行捆绑，同时对吊索具进行必要的保护，试吊可靠 2. 加强安全培训教育，确保从业人员具备必要的安全生产知识，熟悉有关安全生产规章制度和安全操作规程，做到"四不伤害"
AQ 安全领域 –06 土建施工风险 –03 塔吊作业风险				
88	AQ 060301	塔吊安拆风险	塔吊安装、顶升、拆除、降节过程中违规操作，易造成塔吊坍塌事故	1. 强化起重吊装及安装拆卸工程安全管控，重点检查建筑起重机械实体安全状况、管理制度建立、检测检验和备案登记、建筑起重机械拆装单位资质、设备操作人员资格、专项方案的制定和执行、验收和维护保养等情况，排查整治安全隐患 2. 严格进场建筑起重机械的使用管理，严格验收，杜绝因市场供需关系不平衡导致超过安全使用年限、老旧"带病"及来源不明等起重机械进场，严禁淘汰、报废的老旧起重机械以及利用老旧标准节、附

续表

序号	风险编码	四层风险名称	风险描述	常用应对措施
88	AQ060301	塔吊安拆风险		着等组装的起重机械进入建筑工地 3. 安拆作业前建设单位、监理单位必须严格审查建筑起重机械安装、拆卸实施单位资质、人员资格、安装拆卸合同与方案、应急救援预案等，未经施工总承包、监理单位审核同意的，不得实施起重机械安装拆卸作业 4. 安拆及顶升加节时，安拆单位必须严格按照专项施工方案、《起重机械安装拆卸安全要点》、安全操作规程组织安装（拆卸）及顶升加节作业，严禁标准节、附着等构件混用 5. 各方责任主体必须落实相关人员现场监督、旁站和警示隔离工作，确保安全技术专项方案有效执行 6. 检验检测机构必须严格按照有关法律法规和技术标准等上塔上机进行检测，不得减少检测项目，检查报告应全面、真实、准确，严禁出具虚假检测报告。建筑起重机械经检验检测机构检验合格后，施工

核电工程项目风险管理手册

续表

序号	风险编码	四层风险名称	风险描述	常用应对措施
88	AQ 060301	塔吊安拆风险		总承包（使用）单位应当组织租赁、安装、监理等有关单位进行验收。建筑起重机械经验收合格后方可投入使用，未经验收或者验收不合格的不得使用
89	AQ 060302	交叉落物风险	1. 现场交叉作业，施工人员在吊物下施工，吊装物绑扎不牢而松脱或吊带断裂坠物，易造成事故 2. 塔吊钢丝绳断骨严重，钢丝绳存在安全隐患的情况下未及时更换，在吊运过程中断开	1. 吊装作业前，必须清楚物件的实际重量 2. 工件或吊物必须由持证起重工进行捆绑，同时对吊索具进行必要的保护，试吊可靠 3.吊装作业现场必须设置警戒区域，设专人监护 4. 严禁吊物从人的头上越过或停留 5. 对起重吊索具进行定期检查，及时发现并消除隐患 6. 严格执行"十不吊"原则
90	AQ 060303	塔吊维保风险	维保过程中风险辨识不到位，非维保作业人员进入作业区域，且未采取任何安全防护措施，易发生安全事故	1. 强化作业人员行为安全管理，加大反习惯性违章处理力度 2. 现场所有临时开启孔洞纳入现场孔洞管理工作范围，并采取可靠的防护和警戒措施 3. 深入开展JSA辨识工作，提升作业风险评价与控制管理水平

续表

序号	风险编码	四层风险名称	风险描述	常用应对措施
AQ 安全领域 –06 土建施工风险 –04 基坑作业风险				
91	AQ 060401	基坑土方塌方风险	1. 基坑开挖及使用期间边坡发生渗漏，导致边坡坍塌或局部失稳 2. 基坑开挖采用无支护放坡开挖时易发生基坑边坡滑移，由于边坡土体承载力量不足，致使边坡失去稳定的事故 3. 当基坑边坡位移、涌水涌砂、坍塌、失稳易造成地面开裂、坍塌	1. 土方开挖必须按施工方案要求进行放坡和支护 2. 加强施工现场安全隐患排查，消除作业现场安全隐患
AQ 安全领域 –06 土建施工风险 –05 脚手架作业风险				
92	AQ 060501	脚手架搭拆坠落风险	1. 脚手架搭拆过程中，作业人员未经许可，无票作业，高处作业未系挂安全带，生命线设置不当，等等，易造成高处坠落 2. 未按施工方案要求进行脚手架拆除	1. 严格执行工作票管理制度 2. 现场高处作业必须正确使用安全带 3. 严格履行现场特种作业人员资格审查 4. 作业前应全面考虑作业风险，严格按照安全操作规程或施工方案顺序作业
AQ 安全领域 –06 土建施工风险 –06 有限空间作业风险				
93	AQ 060601	有限空间	1. 施工人员违章冒险作业，未采取有效防护措施，进入含有害气体的有限空间作业	1. 凡进入有限空间进行施工、抢修、清理作业的，应对作业环境进行评估，分析存在危险的有害因素、潜在风险，提出消除、控制危害

续表

序号	风险编码	四层风险名称	风险描述	常用应对措施
93	AQ 060601	有限空间	2. 有限空间作业审批制度不落实，安全风险辨识不到位，在未通风、检测、防护、监护等措施不到位的情况下开展作业 3. 现场应急救援处置不当，盲目施救，导致事故扩大	的措施，制定有限空间作业方案，做好技术交底，并经本单位安全生产管理人员审核，负责人批准。未经批准严禁实施作业 2. 有限空间作业前，必须严格执行"先检测，后作业"的原则，根据施工现场有限空间作业实际情况，对有限空间内部可能存在的危害因素进行检测 3. 未经检测或检测不合格的，严禁作业人员进入有限空间进行施工作业。重点就"七不准"的禁止行为开展监督检查： ①未对有限空间作业场所进行风险辨识，不掌握有限空间的数量、位置及危险有害因素，未建立管理台账 ②未经通风和检测合格，进入有限空间作业，作业过程中，未采取连续通风和检测措施 ③有限空间作业人员未正确佩戴和使用劳动防护用品

续表

序号	风险编码	四层风险名称	风险描述	常用应对措施
93	AQ 060601	有限空间		④有限空间作业过程中监护人员不在现场或未与作业人员保持联系 ⑤有限空间作业场所电气设备不符合防爆、安全等规定 ⑥未制定有限空间作业方案，未经企业负责人审批作业 ⑦作业人员未经培训合格，未制定有限空间作业应急预案，现场未配备应急救援器材，未开展应急演练
AQ 安全领域 –06 土建施工风险 –07 钢筋绑扎作业风险				
94	AQ 060701	钢筋倒排风险	未按施工方案施工，在未采取任何安全措施的情况下，拆除已受力的钢管支架，易引发整体钢管支架失稳，造成倒排事故	1. 加强对外包单位资质管理审核 2. 对工作过程不安全因素进行 JSA 辨识并采取安全可靠措施 3. 严格执行技术交底和安全规范 4. 做好现场安全监督，及时制止危险作业行为 5. 加强对员工的安全教育和培训，提高员工安全防范意识和安全操作技能

续表

序号	风险编码	四层风险名称	风险描述	常用应对措施
跨 AQ 安全领域 –07 安装施工风险 –01 高处 / 临边 / 孔洞作业风险				

序号	风险编码	四层风险名称	风险描述	常用应对措施
AQ 安全领域 –07 安装施工风险 –01 高处 / 临边 / 孔洞作业风险				
95	AQ 070101	高处坠落风险	1.高处 / 临边 / 孔洞作业未按规定系安全带，或未设置可靠的安全带悬挂点（生命线），等等 2. 易发生坠落区域未悬挂警示标识，设置安全围栏不标准，作业人员站立位置不当 3. 作业人员对高处 / 临边 / 孔洞作业的安全风险认知、分析和判断不足	1. 必须培训持证上岗。高处作业（指在坠落高度基准面 2 米及以上有可能坠落的高处进行的作业）人员必须经过安全培训合格，建筑架子工、高处作业吊篮安装拆卸工必须按规定取得高处作业特种作业操作证后，方可上岗作业 2. 必须实行作业审批。高处作业实施作业票制度，作业前必须进行审批，经批准后方可进行作业 3. 必须做好个人防护。高处作业人员必须戴好安全帽，系好安全带，安全带的挂钩或者安全绳必须系挂在结实牢固的构件上，并高挂低用 4. 必须落实工程措施。施工现场"四口及五临边"以及须按规范搭设的脚手架、防护网、防护栏等设施必须符合安全规定。在涉石棉瓦、彩钢瓦、轻型棚等不承重物高处作业前，必须采取搭设稳定牢固的承重板等工程措施

续表

序号	风险编码	四层风险名称	风险描述	常用应对措施
95	AQ 070101	高处坠落风险		5. 必须安排专人监护。高处作业现场必须安排监护人员,负责作业现场的安全确认、监护、通信联络等工作,作业期间不得离开现场

AQ 安全领域 –07 安装施工风险 –02 钢结构施工风险

序号	风险编码	四层风险名称	风险描述	常用应对措施
96	AQ 070201	钢结构坠落风险	吊装就位的钢结构未进行有效连接形成稳定的单元体系,碰撞后失稳,从高处坍塌坠落	1. 加强高风险作业管理 2. 严格审核施工方案,认真开展现场 JSA 辨识工作,并确保有效执行 3. 各方责任主体必须落实相关人员现场监督旁站工作,确保安全技术专项方案有效执行
97	AQ 070202	交叉落物风险	施工过程中施工材料、工机具未采取有效防坠落措施,造成落物伤人事故	1. 严格执行安全生产规章制度和安全操作规程 2. 严格执行交叉作业安全措施,避免垂直交叉作业

AQ 安全领域 –07 安装施工风险 –03 焊接作业风险

序号	风险编码	四层风险名称	风险描述	常用应对措施
98	AQ 070301	焊渣引燃风险	施工人员违规进行电焊作业,电焊溅落的金属熔融物引燃周边可燃材料,引发火灾事故	1. 明确各级安全生产责任,严格动火作业审批制度,加强隐患排查治理 2. 动火前作业周边可燃物的清理,现场配备灭火器材,落实监火人现场监督制度

续表

序号	风险编码	四层风险名称	风险描述	常用应对措施
98	AQ 070301	焊渣引燃风险		3. 落实作业人员安全培训，特种作业必须持证操作 4. 完善属地消防灭火快速联动机制
	AQ 安全领域 –07 安装施工风险 –04 用电风险			
99	AQ 070401	违规擅自进行电路接线或维修作业	1. 作业人员未取得电工特种作业操作证、未戴绝缘手套、未进行检测电路是否有电的情况下，违规冒险进行电气线路接线作业，易导致事故发生 2. 作业人员在未停电状态下私自打开配电箱维修作业，易造成触电事故	1. 加强安全管理，杜绝无证上岗 2. 加强对员工的安全教育和培训，提高员工安全防范意识和安全操作技能
100	AQ 070402	电气误操作风险	作业人员在未办理工作票、布置安全措施的情况下，擅自扩大工作范围	1. 严格执行《电力安全工作规程》，加强危险点分析，制定预控措施 2. 操作人员严格执行"两票"制度，严格执行操作监护制度 3. 加强培训，提高操作人员技术水平，做好事故预案和安全防范措施
	AQ 安全领域 –07 安装施工风险 –05 起重吊装风险			
101	AQ 070501	设备转运倾覆风险	设备转运过程中由于固定不牢固或运输设备行进中出现颠簸，易造成设备倾覆	1. 设备转运时必须由专人进行捆绑固定，并确定牢靠

续表

序号	风险编码	四层风险名称	风险描述	常用应对措施
101	AQ 070501	设备转运倾覆风险		2. 作业前做好JSA辨识，充分辨识作业环境风险 3. 加强安全培训教育，确保从业人员具备必要的安全生产知识，熟悉有关安全生产规章制度和安全操作规程，做到"四不伤害"
102	AQ 070502	手拉葫芦失效风险	作业人员违规使用手拉葫芦，未按正确方式挂钩，因受力方式改变导致承载能力下降，易导致挂钩断裂	1. 严禁违章操作手拉葫芦，严格执行《手拉葫芦安全规则》 2. 手拉葫芦使用时挂点要使用吊带或钢丝绳，严禁用吊钩钩尖钩挂重物，吊钩应在重物中心的铅垂线上 3. 做好现场安全监督，及时制止危险作业行为 4. 加强对员工的安全教育和培训，提高员工安全防范意识和安全操作技能
AQ 安全领域 –07 安装施工风险 –06 转动设备风险				
103	AQ 070601	转动设备卷人机械伤害风险	作业人员未按规定着装，不慎卷入无安全防护的机械设备内，导致事故发生	1. 加强隐患排查治理，在转动部位安装安全防护装置，设置明显安全警示标识 2. 为作业人员配备符合安全要求的工作服 3. 加强安全教育培训，监督作业人员正确佩戴使用个人防护用品

第六章

核电工程质保领域风险管理

质保领域四层风险及常用应对措施清单

序号	风险编码	四层风险名称	风险描述	常用应对措施
QS 质保领域 –01 质量保证大纲 –01 程序、细则及图纸				
1	QA 010101	体系框架不合理	程序体系纵向层次不合理，横向范围覆盖不全面，各领域程序框架、程序风格不统一，部分工作缺少执行依据	由体系管理部门牵头梳理形成总体程序框架，由体系管理部门统筹协调各领域程序的组成
2	QA 010102	管理程序编制质量低	执行程序原则要求多，实操内容少，或脱离实际，难以落实	由体系管理部门发布程序编制的指导文件，明确编制深度要求，定期评选优秀的程序，引导改进程序审批流程，增加程序专业组审查和质保审查环节，增加程序专业性
3	QA 010103	程序规定与执行两层皮	员工不执行程序	加强程序宣贯，加强程序执行的监督、监查、随机抽查，加大不执行程序的惩处力度，正面引导程序执行
QS 质保领域 –01 质量保证大纲 –02 管理部门审查				
4	QA 010201	管理者对管理部门的审查重视不足	管理者对管理部门审查的作用重视不足，管理部门审查完善质量保证大纲的核心作用无法实现	体系管理部门要采取措施，借助管理部门审查这一平台，引导公司各部门围绕"质量保证大纲需不需要修改"这一主题对自己所负责的领域进行审视

续表

序号	风险编码	四层风险名称	风险描述	常用应对措施
QS 质保领域 –02 组织 –01 组织机构及职责				
5	QA 020101	职责缺失	部门职责不完整，某些工作缺少负责的部门	组织机构及职责管理部门建立职责偏差快速协调和决策机制
6	QA 020102	职责界面不清晰	部门间职责界面不清晰，某些工作推诿扯皮	组织机构及职责管理部门建立职责偏差快速协调和决策机制
QS 质保领域 –02 组织 –02 人员配备与培训				
7	QA 020201	人员配备不足	人员的数量不符合人力动员计划的安排	将人员需求与工程进度进行匹配，提前组织人员的招聘和培养
8	QA 020202	人员能力不足	人员的能力不符合岗位或经验要求	严格按照岗位需要配备人才，完善人才培养和引入体系，可行时建立"师带徒、老带新"机制
QS 质保领域 –03 文件控制 –01 文件的发布和分发				
9	QA 030101	文件及其变更未发布到需要的人员	文件及其变更发布后，未及时传递到需要的人员使用	建立文件分发清单，明确文件分发的范围。对于纸质文件，文件外发采用"回执"形式确认对方已收到；对于电子文件，开发信息系统进行自动推送，并可适当考虑采用"回执"形式
QS 质保领域 –04 设计控制 –01 设计输入				
10	QA 040101	设计输入不完整	未完整识别法律法规、标准规范、上游文件的要求，导致设计输入不完整	建立项目适用文件清单，组织专业的、有经验的人员对设计输入完整性进行评审

续表

序号	风险编码	四层风险名称	风险描述	常用应对措施
11	QA 040102	设计输入不正确	设计输入文件版次错误，引用文件错误	组织专业的、有经验的人员对每一份设计输入文件的适用性进行评审
			QS 质保领域 -04 设计控制 -02 设计接口	
12	QA 040201	设计接口条目不完整	设计接口条目不完整，未纳入接口控制手册的条目，其设计信息的传递不受控	提资双方对接口条目进行审查，确认是否满足索资要求
13	QA 040202	接口参与方过多，接口复杂	参与合同的层级过多，增加大量的接口	总承包商做好接口管理总体协调工作，尽力保证接口顺畅
14	QA 040203	设计开口项过多	设计开口项过多，大量的包络设计需要厂家详细设计完成以后才能进一步细化，增加实体接口和功能接口无法匹配的风险	加强对开口项的管理，加强设计院与设备制造厂、施工单位的沟通和协调，尽量减少设计开口项的不良影响
			QS 质保领域 -04 设计控制 -03 设计变更	
15	QA 040301	设计变更发布滞后于制造/施工进展	制造/施工完成后，设计院发出设计变更通知，现场已无法施工	设计方加强对制造/施工进展信息的掌握，加强技术状态管理
16	QA 040302	设计变更影响的文件或实体未识别出来	设计变更的评审未完整识别出受影响的文件或实体，导致设计变更执行不彻底	建立设计文件之间的关联关系，对设计变更影响文件或实体进行清单式识别
17	QA 040303	未跟踪设计变更执行情况	设计变更的执行情况无人跟踪，不确定是否得到完全落实	建立设计变更执行情况跟踪机制，对每一份变更，由专人进行跟踪

续表

序号	风险编码	四层风险名称	风险描述	常用应对措施
18	QA 040304	将设计澄清作为执行文件	将设计澄清当作设计变更使用	在项目上明确，设计澄清不作为执行文件
QS 质保领域 -04 设计控制 -04 现场技术服务				
19	QA 040401	现场技术服务人员配备不足	现场技术服务人员数量或能力无法满足要求	配备足够数量的有能力的现场技术服务人员
QS 质保领域 -05 采购控制 -01 采购计划				
20	QA 050101	临时采购、紧急采购多	计划外采购过多，打乱正常采购节奏	采购计划的制订不能靠各部门拍脑袋，需要与进度计划或产量匹配，建立顺畅的紧急采购流程
QS 质保领域 -05 采购控制 -02 采购文件				
21	QA 050201	采购文件未包含必要的质保条款	采购合同比较简单，未将上游的质保要求传递给下游供应商	建立标准合同范本，将质保条款作为必填项
22	QA 050202	采购技术规格书质量差	采购技术规格书质量差，后期需要与供应商反复沟通具体细节	提升采购技术规格书编制人员能力，编制采购技术规格书编制指导文件，明确编制的深度
23	QA 050203	采购技术规格书频繁变动，影响采购流程	进入采购流程后，采购技术规格书频繁变动，不得不不断与供应商沟通新的要求	设置采购技术规格书冻结时间，提升采购技术规格书编制质量，减少无休止的变动
24	QA 050204	商品级物项转化的风险	商品级物项的转化尚无明确的监管要求，执行无依据	与监管部门做好沟通，一事一议

续表

序号	风险编码	四层风险名称	风险描述	常用应对措施
QS 质保领域 –05 采购控制 –03 对供方的评价和选择				
25	QA 050301	供方评价形式主义	公开招标依法中标后,已无法否定中标结果,供方评价已无实际意义,虽然视公开招标资格后审为供方评价的一种方式,但资格后审不涉及源地评价,与 HAF003 中关于源地评价的要求并不完全匹配	加强合同履约的管理
QS 质保领域 –05 采购控制 –04 评标和签订合同				
26	QA 050401	低价中标	低价中标降低工程质量	加强合同执行期间的管理
QS 质保领域 –05 采购控制 –05 对所购物项和服务的控制				
27	QA 050501	进口设备验收风险	进口设备采购,尤其是进口核级设备采购,需要遵循 HAF604 要求,与国内设备采购相比,需要额外手续	采购人员应熟悉进口设备采购的有关要求
28	QA 050502	大宗物项采购风险	大宗物项涉及面广,一旦出现问题影响较大	业主或总包方适当加大介入深度,对大宗物项采购投入更多的关注
QS 质保领域 –05 采购控制 –06 分包风险				
29	QA 050601	采购层级过多风险	采购层级过多,质量要求层层衰减	业主或总包方适当加大介入深度,对采购层级多的采购包,投入更多的关注

续表

序号	风险编码	四层风险名称	风险描述	常用应对措施
QS 质保领域 –06 物项控制 –01 物项标识				
30	QA 060101	标识不清,标识未移植,合格品、待检品、不合格品未分区存放和标识	标识存在问题,可能误用或误装	严格执行标识有关规定,尤其重视标识的移植
QS 质保领域 –06 物项控制 –02 维护				
31	QA 060201	成品保护风险	成品保护不到位导致物项灭失或损毁	加强成品保护
QS 质保领域 –06 物项控制 –03 物项调用				
32	QA 060301	物项调用风险	物项调用前未识别性能差异	调用前识别关键特性,经书面审批同意,必要时通过性能鉴定后方可调用
QS 质保领域 –07 工艺过程控制 –01 人员				
33	QA 070101	特殊工艺人员资质不满足	特殊工艺人员资格不满足法规、标准要求	识别哪些属于特殊工艺,按要求开展人员取证,加强先决条件检查和人员资格抽查
QS 质保领域 –07 工艺过程控制 –02 机				
34	QA 070201	特殊工艺所用机具不满足	特殊工艺用机具维护保养不到位,检定/标定过期,未按对应标准检定,等等	加强机具的维护保养和检定,加强先决条件检查和工艺纪律抽查

续表

序号	风险编码	四层风险名称	风险描述	常用应对措施
QS 质保领域 –07 工艺过程控制 –03 料				
35	QA 070301	特殊工艺用母材、辅材不满足	母材性能不达标，焊材受潮、药剂过期等	加强焊材的保管、发放的管理，加强先决条件检查和工艺纪律抽查
QS 质保领域 –07 工艺过程控制 –04 环				
36	QA 070401	特殊工艺作业环境不满足	温度、湿度、清洁度以及处理时间不满足等	加强先决条件检查和工艺纪律抽查
QS 质保领域 –07 工艺过程控制 –05 法				
37	QA 070501	特殊工艺实施指导文件不满足	工艺未经评定，工艺标准用错，工艺适用范围理解错误，等等	加强先决条件检查和工艺纪律抽查
QS 质保领域 –08 检查和试验控制 –01 质量计划				
38	QA 080101	H 点越点施工	未经书面同意，H 点越点施工	加强质量意识，强化对越点施工的惩罚
QS 质保领域 –08 检查和试验控制 –02 计量器具				
39	QA 080201	计量器具不满足	计量器具的标定已过期或未标定	加强先决条件检查和工艺纪律抽查
QS 质保领域 –08 检查和试验控制 –03 隐蔽工程				
40	QA 080301	隐蔽工程不合格	隐蔽工程 / 工序未经验收后隐蔽	严格执行隐蔽工程验收制度，隐蔽工程验收放行后方可开展后续工序
QS 质保领域 –09 不符合项 –01 不符合项分类				
41	QA 090101	从低划分不符合项类别	故意将不符合项类别划到较低类别	1. 开展专项监督 2. 经济考核

续表

序号	风险编码	四层风险名称	风险描述	常用应对措施
	QS 质保领域 –09 不符合项 –02 处理流程
42	QA 090201	隐瞒不符合项	采用其他形式规避开启不符合项报告	经济考核
43	QA 090202	不按规定提交上游审批，自行处理	将应当提交买方审批的不符合项自行处理	经济考核
44	QA 090203	技术处理意见缺乏依据	设计方在给出建议处理方案的技术处理意见时，决策依据和理由不充分	1. 提高人员责任心 2. 加强培训宣贯 3. 优化 NCR 模版
	QS 质保领域 –09 不符合项 –03 标识和隔离
45	QA 090301	不符合项标识、隔离不到位	不符合项标识、隔离不到位	1. 加强程序宣贯 2. 加强现场巡视
	QS 质保领域 –10 记录 –01 记录
46	QA 100101	记录丢失、损毁	记录未妥善保管，导致丢失或损毁	1. 开辟专门空间对记录进行保管 2. 定期对记录保存情况开展监督
47	QA 100102	记录随意涂改	记录随意涂改	加强程序宣贯，提升质量意识
48	QA 100103	竣工文件不随建造进展整理、归档	竣工文件不随建造进展同步整理，在移交之前才开始整理收集有关文件，造成竣工文件缺失	严格执行竣工文件有关规定，接收方做到没有竣工文件不接收

续表

序号	风险编码	四层风险名称	风险描述	常用应对措施
QS 质保领域 –11 纠正措施 –01 纠正措施				
49	QA 110101	纠正措施未找到根本原因	纠正措施分析未对根本原因进行纠正，导致问题重复发生	纠正措施提出人主动帮助整改责任人发现根本原因
50	QA 110102	纠正措施整改无效	未对根本原因进行整改，或未分析到根本原因，导致整改无效	纠正措施提出人主动帮助整改责任人发现根本原因
QS 质保领域 –12 监查 –01 监查				
51	QA 120101	监查整改无效	未对根本原因进行整改，或未分析到根本原因，导致整改无效	纠正措施提出人主动帮助整改责任人发现根本原因

第七章
核电工程设计领域风险管理

设计领域四层风险及常用应对措施清单

序号	风险编码	四层风险名称	风险描述	常用应对措施
SJ 设计风险 –01 首堆设计风险 –01 新技术风险				
1	SJ 010101	工程新技术风险	对比对标电站，工程设计中采用的新技术可能导致部分子项、系统功能发生变化	根据具体新技术风险项制定专项应对方案，并结合工程建设需求逐项跟踪落实
SJ 设计风险 –01 首堆设计风险 –02 新系统风险				
2	SJ 010201	工程新系统风险	对比对标电站，为满足安审等外部要求，增设新系统导致的设计风险	根据具体新系统设计，对设计、接口、调试等影响进行分析，制定专项应对方案，并结合工程建设需求逐项跟踪落实
SJ 设计风险 –02 设计输入风险 –01 业主需求变化风险				
3	SJ 020101	业主关于子项、系统功能需求变化	工程建设过程中，业主单位可能结合使用需求，修改子项、系统部分功能需求	协同使用部门做好方案设计及初步设计审查，尽早让使用部门熟悉了解后续归口管理子项、系统的配备功能，并明确功能补充或修改意见
4	SJ 020102	业主关于子项个性化需求变化	工作建设过程中，在子项设计满足标准规范及功能需求的前提下，业主单位仍有个性化意见，其中涉及非生产相关 BOP 尤多	协同使用部门做好初步设计及施工图设计审查，尽早让使用部门熟悉了解子项设计的具体细节，并明确个性化需求，避免后续子项施工后造成停工返工

续表

序号	风险 编码	四层风险 名称	风险描述	常用 应对措施
5	SJ 020103	业主关于新增子项需求	工程建设过程中，业主单位可能结合厂址总体规划或远期生产运维需求，新增生产或非生产相关 BOP 子项	统筹全厂总平面规划管理，提高土地利用率，预留后续建设用地，做好力能管线预埋，为后续新增子项保留空间条件
SJ 设计风险 –02 设计输入风险 –02 外部条件不确定风险				
6	SJ 020201	共用厂址引起不确定性风险	若厂址为两家及以上单位共用，则可能出现全厂址共用子项位置不确定、边界划分不明确、临建区面积不足等风险	1. 业主单位强化与同厂址其他单位沟通交流，针对分歧项，尽早确认达成共识 2. 设计方面，结合工程进展需求，按多套方案同时启动初步设计和施工图设计等工作
7	SJ 020202	国家政策变化风险	项目审批过程中，国家关于用地、用海等政策存在变化风险，进而导致设计输入变化	业主及设计单位及时掌握国家政策变化，第一时间做出适应性设计修改，降低影响
8	SJ 020203	地方政府协调导致设计修改风险	业主单位在与地方政府部门沟通协调过程中，地方政府可能新增或修改原有要求，导致设计修改风险	业主单位积极与地方政府沟通协调，尽早确认外部输入及相关要求
SJ 设计风险 –02 设计输入风险 –03 标准规范变化风险				
9	SJ 020301	新增或升版标准规范风险	由于一般核电项目审批周期长、工程设计启动时间早，可能在施工图设计后，出现标准规范新增或升版，进而导致设计修改风险	在工程管理合同中对新增/升版标准规范情况做出规定。建议原则上未施工子项应按新增/升版标准规范进行修改，已施工子项是否修改报送业主单位进行审批

续表

序号	风险编码	四层风险名称	风险描述	常用应对措施
SJ 设计风险 –03 设计过程控制风险 –01EE 接口管理风险				
10	SJ 030101	EE 接口按期关闭风险	岛间 EE 接口交换受设计完成度影响较大，若设计实体工作未完成将导致接口按期关闭风险	1. 合理安排设计工作，提前制订接口打开计划 2. 每月组织岛间 EE 接口碰头会，定期跟踪接口打开和关闭情况，并进行专业技术交流 3. 建立完善的预警机制，避免影响工程现场
11	SJ 030102	EE 接口关闭计划合理性风险	岛间 EE 接口由于影响范围较大，受影响文件较多，梳理工程需求时间绝对准确较为困难，进而导致关闭计划合理性风险	1. 项目未开工前，区分 FCD+12 前、FCD+12 后须关闭岛间 EE 接口 2. 项目开工后，采用渐进明细的方式进一步确认具体关闭计划
12	SJ 030103	EE 接口重新打开风险	首堆工程设计是一个反复迭代的过程，布置在常规岛的核岛系统一旦发生设计变化，即导致接口重新打开风险	建立设计接口重新打开评估机制，针对影响工程现场的接口重新打开组织相关方专题讨论确认
SJ 设计风险 –03 设计过程控制风险 –02EP 接口管理风险				
13	SJ 030201	EP 接口按期关闭风险	由于采购及提资工作滞后、交换效率低、设计审查意见未一次提全等原因造成接口按期关闭风险	1. 制订设计接口打开计划，及时跟踪采购及提资工作进展 2. 明确接口交换时效性，10 个工作日内完成资料审核，20 个工作日内完成资料提交 3. 要求设计方一次将意见提全，避免采购方反复修改

续表

序号	风险编码	四层风险名称	风险描述	常用应对措施
13	SJ 030201	EP 接口按期关闭风险		4. 明确月度例会跟踪机制，协调提资过程中的进度及技术问题
14	SJ 030202	EP 接口关闭计划合理性风险	核岛及 BOP EP 接口关闭计划过早将导致不具备可实施性风险；过晚导致设计复核工作无法按时开展，影响工程进度	1. ICM 中补充影响文件及现场需求时间，明确关闭需求 2. ICM 中根据采购计划补充接口预计关闭时间 3. 组织专题会进行计划消除偏差
15	SJ 030203	EP 接口重新打开风险	设备设计修改、厂家更换（原厂家倒闭、停产、研发失败）等原因导致核岛及 BOP EP 接口重新打开风险	制定接口重新打开管理规定，进行评估及分级，即"不影响设计""影响设计但不造成工程停工/返工""影响设计且造成工程停工/返工"。针对影响设计且造成工程停工/返工的接口重新打开应组织专题讨论；另接口重新打开后，原则上在满足工程建设需求的前提下，应在一个月内关闭
SJ 设计风险 –03 设计过程控制风险 –03 设计经验反馈风险				
16	SJ 030301	设计经验反馈重点问题落实风险	同行核电发生的较为重要且对本项目具有重大参考价值的设计领域经验反馈，如不能提前落实到相关文件中，后续可能会导致机组运行风险	1. 通过建立完善的设计经验反馈管理机制，借助设计经验反馈平台及台账，结合工程进度计划制订设计经验反馈落实计划，将设计经验反馈落实到相关文件中

续表

序号	风险编码	四层风险名称	风险描述	常用应对措施
16	SJ 030301	设计经验反馈重点问题落实风险		2. 组织召开专题会议，协调资源集中智慧解决重点问题
SJ 设计风险 -03 设计过程控制风险 -04 图纸质量风险				
17	SJ 030401	设计图纸质量差风险	由于设计人员资质和能力差异，设计文件出现质量差、无法施工等情况	1. 组织设计人员资质抽查 2. 加强设计审查管理，必要时组织专家评审会
SJ 设计风险 -04 设计输出风险 -01 设计计划风险				
18	SJ 040101	设计计划合理性风险	工程设计进度计划合理性主要体现在编制深度、完整性两方面，新堆型设计计划编制普遍存在深度不足、完整性无法确认等风险	1. 明确设计四级进度计划管理体系，将深度细化至设计文件层面 2. 对标同行电站，通过专家评审会等形式优化设计进度计划完整性
19	SJ 040102	设计计划按期完成风险	由于上游制约因素未解决（如方案设计未确认、E-P 接口未关闭等）、设计人力资源不足或不稳定等原因，造成设计计划无法按期完成风险	1. 协调设计方配备足够且稳定的专业技术力量 2. 提前摸排设计上游制约因素，主动发现问题，积极参与推动问题解决 3. 建立计划管理预警机制，及时预警
SJ 设计风险 -04 设计输出风险 -02 设计变更风险				
20	SJ 040201	设计变更发布不及时导致现场返工	设计变更在现场施工活动完成后发布，导致现场需要返工，影响进度并增加成本	1. 加强现场设计代表与施工方的联系，及时掌握施工进度，确保设计变更及时发布

续表

序号	风险编码	四层风险名称	风险描述	常用应对措施
20	SJ 040201	设计变更发布不及时导致现场返工		2. 设计变更发布前充分开展设计变更影响分析，重点考虑对现场施工的影响，对于已开工的施工区域，如确需发布变更应结合现场实际情况确定变更方案
21	SJ 040202	设计变更与设计文件不自洽导致现场无法执行	设计院对某份文件发布改单时未充分考虑对相关文件的影响，未同步进行适应性修改，造成设计内容不匹配，导致现场无法执行	1. 设计加强院内部专业接口管控，通过受影响文件分析、信息化关联管理等措施，避免出现设计内容不自洽的问题 2. 设计院内部实现设计联动机制，对一个专业图纸进行修改时，其相关专业同步开展适应性设计修改，确保设计变更内容完整
22	SJ 040203	重大设计变更方案实施计划不明确	重大变更方案的落实，一般需要发布多份设计变更（DMN），进行多份文件升版，影响范围大，可能对现场施工造成不利影响（停工或返工）	1. 在重大设计变更方案的审查过程中，重点开展变更影响评估，对变更内容对现场施工、接口的影响进行评估，提前识别风险点 2. 将DMA引起的设计变更纳入设计进度计划进行管控，提前掌握未来3个月内发布的设计变更，便于现场掌握设计变更发布时间，做好施工准备和施工方案的调整

续表

序号	风险编码	四层风险名称	风险描述	常用应对措施
	SJ 设计风险 -04 设计输出风险 -03 设计开口项风险			
23	SJ 040301	设计开口项标识风险	设计开口项标识实际执行过程中,存在不标、漏标风险	1."开口问题是否解决"是决定设计质量的关键因素,开口项标识只是体现方式。将设计不确定项"隐形化",不利于项目协同推进 2. 组织开口项管理程序宣贯,强调开口项设置要求 3. 组织监督检查,抽查设计开口项是否按程序要求进行标识
24	SJ 040302	设计开口项按期关闭风险	设计开口项受制于E-E接口、E-P接口、专业间提资,若上游制约因素未及时关闭将导致设计开口项存在按期关闭风险	1.建立设计开口项台账,关联上游制约因素和下游工程需求 2.匹配上下游需求,发布设计开口项关闭计划 3. 承接设计接口月度例会,召开设计开口项推动会,实现关联式管理,并及时预警
	SJ 设计风险 -05 设计管理架构风险 -01 程序体系合理性风险			
25	SJ 050101	设计管理体系合理性风险	项目管理模式和建设堆型等不同对设计管理体系具有差异化影响,设计管理体系不合理将导致设计进度、设计质量等一系列问题	1. 对标同行电站,借鉴先进设计管理体系 2.结合本项目实际应用效果,进行适应性修订 3. 针对大纲性管理程序,组织专家评审会

续表

序号	风险编码	四层风险名称	风险描述	常用应对措施
SJ 设计风险 -05 设计管理架构风险 -02 程序体系执行性风险				
26	SJ 050201	设计管理程序执行风险	设计管理活动须确保按程序执行，尽量避免人因偏差	组织程序体系执行情况监督检查
SJ 设计风险 -05 设计管理架构风险 -03 程序体系一致性风险				
27	SJ 050301	法律法规、总包合同、业主程序、承包商程序一致性风险	法律法规、总包合同、业主程序、承包商程序须确保一致性	组织程序体系一致性监督检查

第八章

核电工程采购领域风险管理

采购领域四层风险及常用应对措施清单

序号	风险编码	四层风险名称	风险描述	常用应对措施
CG 采购风险 −01 采购进度风险 −01 主设备按期供货风险				
1	CG 010101	主泵及配套件按期供货风险	主泵产品部分部件因精加工资源限制、设计固化时间相对较晚、原材料采购延后等因素，成为产品泵制造关键路径，如延迟交货，有可能影响主泵产品的按时交货	1. 安排人员驻厂跟进 2.建立业主、总包方、供应商之间的定期高层级协调机制，持续对供应商支持、协调和督促，全力推进设备制造供货 3. 协调厂家制订专项进度和质量管控计划，实施一系列持续性、系统性的排产调度、工艺优化、逻辑优化、资源协调等保障手段，按计划持续推进制造
2	CG 010102	反应堆压力容器及配套件按期供货风险	1.反应堆压力容器顶盖、接管段等大型锻件工艺要求高，制造难度大，市场集中度高，一旦供货滞后将直接制约设备的制造进程，进而实质影响现场需求 2. 反应堆压力容器环缝焊接、与 CRDM 接口配合及组焊、主螺栓尺寸、安全端异种金属焊接等工艺要求高、工序流程复杂、厂家资源限制等因素，使设备制造无法计划正常推进，造成供货偏差进而影响项目建设关键路径需求的风险	1. 安排人员长期驻厂 2. 建立业主、总包方、供应商之间的定期协调机制，持续对供应商支持、协调和督促，全力推进设备制造供货 3. 制订专项进度和质量管控计划，按计划持续推进制造 4. 协调厂家优化设备制造逻辑和排产，投入资源改进设备制造工艺，质量控制手段

续表

序号	风险编码	四层风险名称	风险描述	常用应对措施
3	CG 010103	蒸汽发生器及配套件按期供货风险	1. 蒸汽发生器部分关键部件工艺要求高，制造难度大，市场集中度高，一旦供货滞后将直接制约设备的制造进程，进而实质影响现场需求 2. 蒸汽发生器部分关键部件工艺要求高、工序流程复杂、厂家资源限制等因素，使设备制造无法计划正常推进，造成供货偏差进而影响项目建设关键路径需求的风险	1. 安排人员长期驻厂 2. 建立业主、总包方、供应商之间的定期协调机制，持续对供应商支持、协调和督促，全力推进设备制造供货 3. 制订专项进度和质量管控计划，按计划持续推进制造 4. 协调厂家优化设备制造逻辑和排产，投入资源改进设备制造工艺，质量控制手段
4	CG 010104	堆内构件及配套件按期供货风险	产能资源紧张的情况，堆内构件关键路径吊篮筒体组件所需专机频繁受其他项目占住的影响，较厂内计划容易产生负偏差，影响设备制造的按计划推进	1. 安排人员长期驻厂 2. 建立业主、总包方、供应商之间的定期高层级协调机制，持续对供应商支持、协调和督促，全力推进设备制造供货 3. 协调厂家优化设备制造逻辑和排产，投入资源改进设备制造工艺，质量控制手段 4. 在关键路径制造及组装过程中，制订专项计划和资源保障措施，实行现场监督推进
5	CG 010105	控制棒驱动机构按期供货风险	产能资源紧张的情况，控制棒驱动机构部分组件需发运至 RV 设备厂进行组装焊接，物项制造进度以及接口协调	1. 安排人员长期驻厂 2.建立业主、总包方、RV供应商与 CRDM 供应商之间的定期高层级协调机制，持续对供应

续表

序号	风险编码	四层风险名称	风险描述	常用应对措施
5	CG 010105	控制棒驱动机构按期供货风险	容易出现偏差,影响RV承制厂的需求	商支持、协调和督促,全力推进设备制造供货 3. 督促RV供应商及时提交顶盖孔配座尺寸 4. 协调厂家优化设备制造逻辑和排产,投入资源改进设备制造工艺,质量控制手段 5. 在关键路径制造及组装过程中,制订专项计划和资源保障措施,实行现场监督推进
6	CG 010106	TG包设备按期供货风险	TG包设备是常规岛采购的核心,多项设备制造供货过程中面临诸多的不确定因素: 1. 部分部件为进口设备,存在按期供货风险 2. 汽轮机高中压转子锻件性能试验不合格风险 3.厂家汽轮机转子焊接资源紧张导致的进度风险 4. 中压主汽调节阀组国产阀门研制及采购进度风险	1. 安排人员长期驻厂 2.建立业主、总包方、供应商之间的定期协调机制,持续对供应商支持、协调和督促,全力推进关键部件及原材料供货 3. 优化总装阶段制造流程,缓解部件供货滞后的影响
CG 采购风险 –01 采购进度风险 –02 机械设备按期供货风险				
7	CG 010201	环吊按期供货风险	环吊采购供货中存在的不确定风险有: 1. 设计固化影响开工制造,如抗震计算书升版	1. 安排人员阶段性驻厂 2. 建立业主、总包方、供应商之间的定期协调机制,持续对供应商支持、协调和督促,全力推进设备制造供货

核电工程项目风险管理手册

续表

序号	风险编码	四层风险名称	风险描述	常用应对措施
7	CG 010201	环吊按期供货风险	2. 主部件资源协调和进度保障，如主梁、端梁及小车架 3. 关键配套件（减速器、电机、制动器及液压站、电装、钢丝绳、主起升油缸等）维护保养，影响运行机构的装配 4. 最终调试试验	3. 在关键路径制造及组装过程中，制订专项计划和资源保障措施，实行现场监督推进
8	CG 010202	模块类物项供货进度风险	某系列核电建安期间大量运用模块化理念，模块类物项包括机械模块、CA/CB/CH结构模块及配套件、CV预制钢板、屏蔽厂房SC结构，需要在工程施工前组装，多为建设前期阶段所急需，数量大且外购件众多，某一部件供货或工序衔接不畅往往造成整体供货吃紧的局面，直接影响现场施工进度	1. 供给侧：安排人员长期驻厂，建立各方定期协调机制，持续对供应商支持、协调和督促，全力推进设备制造供货 2. 需求侧：优化施工逻辑，采取后安装方案，缓解设备延期交付的影响
		CG采购风险-01采购进度风险-03泵类按期供货风险		
9	CG 010301	正常余排泵按期供货风险	1. 供应商由于经营状况不佳，资金紧张，无法完成外购件的付款提货（如电机、机械密封、轴承、联轴器、密封垫、紧固件等），短期内难以扭转，存在不能继续履行合同的风险	1. 正常余排泵备用泵合同执行管控，确保按照计划供货 2. 督促供应商按计划完成"向核安全局提交制造备案""开工前文件提交"工作

续表

序号	风险编码	四层风险名称	风险描述	常用应对措施
9	CG 010301	正常余排泵按期供货风险	2. 备用采购则受该设备制造工期限制，且样机验证技术风险突出，挑战严峻，存在影响按期供货风险	3. 协调供应商按计划完成外购件采购，按期开始首台泵性能测试
10	CG 010302	主给水泵按期供货风险	受技术方案、部件进度及国外疫情影响，主给水泵制造周期紧张，存在影响现场安装风险	1. 建立业主、总包方、供应商之间的定期协调机制 2. 安排人员阶段性驻厂，持续对供应商支持、协调和督促，全力推进设备制造供货 3. 优化施工逻辑，采取后安装方案，缓解设备延期交付的影响
11	CG 010303	循环水泵按期供货风险	1. 叶轮铸件等外购件供货影响进度需求风险 2. 电机供货影响泵性能试验需求风险	1. 建立业主、总包方、供应商之间的定期协调机制 2. 安排人员阶段性驻厂，持续对供应商支持、协调和督促，全力推进设备制造供货 3. 优化施工逻辑，采取后安装方案，缓解设备延期交付的影响
CG 采购风险 –01 采购进度风险 –04 电气设备按期供货风险				
12	CG 010401	主泵变频器按期供货风险	1. 两种类型的主泵变频器与主泵的配型以及联调效果存在不确定性，进而影响工程主线进度	1. 编制变频器与主泵配型与联调试验方案，明确职责分工，排查风险隐患并制定应对措施

续表

序号	风险编码	四层风险名称	风险描述	常用应对措施
12	CG 010401	主泵变频器按期供货风险	2. 变频器长周期外购件供货，变频器制造、调试、运输、与主泵联调试验等环节计划执行容易出现偏差，影响最终产品的按期交付	2. 组织专项工作例会，对关键工序前问题进行梳理，制定行动项，逐项落实关闭
CG 采购风险 -01 采购进度风险 -05 成套设备按期供货风险				
13	CG 010501	SRTF 设备按期供货风险	SRTF 设备供货安装是实现机组装料的前提，设备为成套供货，前期的采购准备、设计固化多次迭代，设备及部件原材料采购往往多层分包，设备制造、组装及试验过程存在诸多不确定因素，往往影响设备的按期供货	1. 建立各方定期协调机制，持续对供应商支持、协调和督促，全力推进设备制造供货 2.编制专项进度计划，划分批次按优先级顺序排产 3. 必要时优化施工逻辑，采取后安装方案，缓解设备延期交付的影响
14	CG 010502	海水淡化设备按期供货风险	海水淡化设备为成套供货，前期的采购准备、设计固化需多次迭代，部件原材料采购往往多层分包，设备制造、组装及试验过程存在诸多不确定因素，往往影响设备的按期供货	1.建立各方定期协调机制，持续对供应商支持、协调和督促，全力推进设备制造供货 2.编制专项进度计划，划分批次按优先级顺序排产 3. 必要时优化施工逻辑，采取后安装方案，缓解设备延期交付的影响
CG 采购风险 -01 采购进度风险 -06 大宗物项按期供货风险				
15	CG 010601	阀门按期供货风险	1.部分核级阀门为进口，因厂家协调难度大，进度催交效果有限，进而	1.建立业主、总包方、供应商之间的定期协调机制，持续对供应商支持、

续表

序号	风险编码	四层风险名称	风险描述	常用应对措施
15	CG 010601	阀门按期供货风险	造成供货滞后，影响现场需求风险 2.部分阀门因国产化研发及取证进展迟滞，造成产品采购合同签订滞后，进而影响开工及供货风险	协调和督促，全力推进设备制造供货 2.优化施工逻辑，采取后安装方案，缓解设备延期交付的影响 3.针对国外进口阀门，制定国产化备用方案，提前开展已完成国产化研发阀门的采购准备工作；评估阀门断供风险并适时决策，决策后立即启动国产化制造
16	CG 010602	通防设备按期供货风险	消防、暖通类物项在EMC试验、水压试验、调试试验等性能试验以及技术标准执行过程中存在不确定性，影响物项的交付进度	1.建立业主、总包方、供应商之间的定期协调机制，持续对供应商支持、协调和督促，全力推进设备制造供货 2.优化施工逻辑，采取后安装方案，缓解设备延期交付的影响 3.针对国外进口设备，制定国产化备用方案，评估风险并适时决策，决策后立即启动国产化制造
CG 采购风险 –01 采购进度风险 –07 采购前期工作影响设备供货风险				
17	CG 010701	采购合同签订、提资等采购前期工作滞后，影响设备开工及供货风险	项目部分子项设备因采购合同未按计划签订、厂家与设计院提资未固化，影响设备制造甚至施工需求的风险	1.推进采购尽快定标，定标后即协调厂家启动设备采购相关准备工作 2.编制专项进度计划，制定赶工措施，分批次

续表

序号	风险编码	四层风险名称	风险描述	常用应对措施
17	CG 010701	采购合同签订、提资等采购前期工作滞后影响设备开工及供货风险		按优先级顺序进行采购和开工制造 3. 建立与供应商的协调会机制，持续督促按计划制造
CG 采购风险 –01 采购进度风险 –08 设计影响设备供货风险				
18	CG 010801	设计未固化影响设备制造进度风险	部分物项因设计方案迟迟未固化，影响采购合同签订，进而制约现场设计提资甚至施工需求的风险	1. 建立与供应商的协调会机制，加强协调力度，督促提交文件，关闭提资、固化设计 2. 总包方内部采购与设计口对提资文件进行精简瘦身，将不影响设计固化和开工的文件移出 F 阶段提资
CG 采购风险 –01 采购进度风险 –09 仪控设备按期供货风险				
19	CG 010901	安全级平台 IV&V 延期风险	安全级平台首次按工程项目要求实施完整的独立验证与确认 IV&V，受到技术骨干人力配置不足、程序质量不高、发现问题多导致测试回归等因素影响，存在进度风险	1. 供货商保障 IV&V 人力资源 2. 利用联合测试的机会按照工程产品测试要求提前编制测试案例，积累测试经验，培训人员，为测试 IV&V 工作正式启动做准备 3. 提前在工程样机上开展预测试
20	CG 010902	机柜集成制造延误导致设备延迟发货风险	物料采购启动滞后、分供方制造延误、疫情影响、质量事件返工等因素均会导致机柜集成制造进度延误	1.供货商制订班组级专项进度计划，细化物料采购及生产制造过程任务

续表

序号	风险编码	四层风险名称	风险描述	常用应对措施
20	CG010902	机柜集成制造延误导致设备延迟发货风险		2. 加强对分供方的监造力度，确保物料质量满足设计要求 3. 采购方协调项目部与供货商，制定DCS机柜分批发运方案，以应对仪控系统供货延误情况下，优先满足倒送电、主控室可用等里程碑节点工程需求
21	CG010903	上游设计变更影响仪控工程实施风险	首堆工程设计固化困难，设计变更量大，变更的实施会导致仪控系统工程设计和测试的回归，带来进度风险	1. 设计方在发起设计变更阶段进行把关，做必要性评估，建立评估和决策机制，明确哪些变更在工程阶段做，锦上添花优化类的设计变更要严格控制实施窗口，避免变更实施对仪控带来较大影响 2. 设计采购进度计划融合，设计方与供货方在充分沟通的基础上建立设计冻结点 3.供货商制订合理的基线升版计划，分析何时引入变更进行基线升版对工程产品的制造影响更小，预留设计回归窗口 4. 对于潜在设计变更建立快速澄清机制

续表

序号	风险编码	四层风险名称	风险描述	常用应对措施
22	CG 010904	工程设计及工厂测试存在多次迭代风险	工程设计错误、测试发现问题都会产生迭代回归，带来进度延误风险	1. 仪控系统的工程实现文件（工厂测试大纲及规程等）由设计方相关系统设计人员审核确认，以把控和确保所有的仪控测试文件满足上游设计要求 2. 利用工程样机，对系统集成测试及其规程进行预演，确保测试规程内容的完整性和准确性 3. 针对仪控图纸错误率高的问题，应用自动验证脚本，检查图纸 / 表单的正确性 4. 项目各方加大资源投入，从大纲到测试用例要采取强有力的质量管控手段，各方参与审查确保测试范围的完整和准确，并参与工厂测试工作
23	CG 010905	仪控接口提资滞后影响设计固化	接口提资涉及仪控供货方，设备分供方、设计方、采购方等，接口复杂且涉及设备采购技术指标、技术偏差处理、提资文件质量、提资与反提资等多方面因素，并受其影响，提资按期关闭风险大。提资滞后和反复易导致相关设计无法按期固化	1. 项目各方制订仪控接口提资 ICM 管控计划，计划应与工程实际需求保持一致 2. 优化 EP 提资线上传递流程，缩减流转中间环节，提高提资文件质量和审查效率 3. 梳理仪控接口管理关系，建立管理矩阵，明确具体接口人和负责人，

续表

序号	风险编码	四层风险名称	风险描述	常用应对措施
23	CG 010905	仪控接口提资滞后影响设计固化		保证仪控供货方和设计方责任人建立点对点工作沟通机制
24	CG 010906	完工文件准备不充分，包装发运不能按期完成风险	供货商缺乏完工文件编制经验，未建立完善的文件体系，且人力投入少，进度计划预留工期短，按期提交符合要求的完工文件存在风险	1. 组织项目各方成立仪控设备竣工文件专项小组，推动完工文件的编制和审查工作 2. 将物项检查工作前移，在工厂测试及出厂验收阶段除计划内过程质检外，制造工程师协同质量工程师定期执行物项检查，处理物项破损等问题，降低出厂验收完成后物项检查出现问题的风险对发货计划的冲击 3. 供货商增加完工文件组卷流程、机柜装箱发运流程相关人力资源的投入
25	CG 010907	进口设备/部件采购受政策、疫情等因素影响，不能按期到货	进口仪控系统设备、仪表及关键部件受到国外疫情、贸易风险、涉外商务纠纷等因素影响，存在不能按期到货风险	1. 协调采购方每周确认国外供应商状态，继续按计划推进合同谈判、提资、详细设计等前期工作 2. 分析工程需求底线时间，对进口物项逐项制定决策点，启动备用国产化路线或临时方案 3. 加大帮扶力度，推动国产化厂家研发进展，匹配项目进度需求

续表

序号	风险编码	四层风险名称	风险描述	常用应对措施
CG 采购风险 –02 设备质量风险 –01 主设备质量风险				
26	CG 020101	主泵及关键部件供货质量风险	1. 厂家首次使用上游设计文件作为产品设计的输入，对于设计、制造、试验等方面的要求不熟悉，可能造成制造过程中出现较多不符合的情况，有一定的制造风险 2. 主泵制造、装配、检验过程中异物掉落可能导致设备损坏风险 3. 紧固螺栓脱落风险 4. 主泵推力轴承制造、试验的风险	1. 提前梳理实际设计与规范书要求中的偏差，必要时组织设计院专题解决 2. 长期驻厂质量监督，建立质量管控例会机制 3. 经验反馈宣贯与落实检查 4. 定期质保监查、专项监督 5. 制订质量管控专项计划，实施关键工序技术交底
27	CG 020102	蒸汽发生器及关键部件供货质量风险	1. 管板－水室封头焊缝和锥体－上筒体D焊缝局部焊后热处理时，存在部件间热膨胀不均匀，造成传热管凹痕的风险 2. 泵壳焊接风险。供应商无同类蒸汽发生器－泵壳焊接制造成功经验，存在泵壳焊接技术风险 3. 焊接见证件焊接和试验时机，存在不符合规定时间，导致后续出现试验不满足要求时，技术处理困难的风险	1. 在管板－水室封头、锥体－上筒体D焊缝焊接及局部焊后热处理前，制定详细的分析和防止传热管凹痕的焊后热处理技术方案、检测方法和验收准则 2. 严格按照技术条件进行蒸汽发生器－泵壳模拟件焊接，完成模拟试验和验证，做好泵壳焊接准备工作，完成相关工艺评定和工艺试验 3. 重视并执行焊接见证件焊接时机和试验时机

续表

序号	风险编码	四层风险名称	风险描述	常用应对措施
27	CG 020102	蒸汽发生器及关键部件供货质量风险	4. 蒸汽发生器本体与支撑的接口尺寸，存在不匹配风险，如支撑垫螺纹孔、蒸汽发生器水室封头支撑的尺寸 5. 蒸汽发生器厂内长期贮存风险	4. 针对蒸汽发生器本体与支撑的接口尺寸，如支撑垫螺纹孔的检测，水室封头底部凸台外圆精加工，等等，执行相关检测规程及图纸尺寸要求，如对螺纹孔轴向全深度彻底检查 5. 加强采购技术文件的学习、分析、消化吸收和转化，对采购技术文件中的重要数据指标，制定专用方案进行控制，避免经验主义 6. 对施工人员进行作业前培训以及技术交底，对重要数据、重要工艺加以说明，重要工序要编写工艺规程和作业指导书，指导施工人员现场作业 7. 及时进行经验反馈
28	CG 020103	反应堆压力容器及关键部件供货质量风险	1. 反应堆压力容器顶盖、接管段等大型锻件工艺要求高，制造难度大，存在质量控制风险 2. 反应堆压力容器环缝焊接、与CRDM接口配合及组焊、主螺栓尺寸、安全端异种金属焊接等工艺要求高，工序流程复杂，存在质量风险	1. 驻厂质量监督，建立质量管控例会机制 2. 经验反馈宣贯与落实检查 3. 定期质保监查、专项监督 4. 制订质量管控专项计划，实施关键工序技术交底，对性能验收试验先决条件进行检查及过程监督

续表

序号	风险编码	四层风险名称	风险描述	常用应对措施
29	CG 020104	主要管道类供货质量风险	主要风险点有: 1. 反应堆主管道热段B第四级ADS打磨风险 2. 主蒸汽管道非常规力学性能试验不确定导致供货进度风险	1.建立质量管控例会机制 2. 经验反馈宣贯与落实检查 3. 定期质保监查、专项监督 4. 制订质量管控专项计划,实施关键工序技术交底,对性能验收试验先决条件进行检查及过程监督
30	CG 020105	堆内构件及关键部件供货质量风险	主要质量风险点有: 1. RVI发运前上堆芯板表面缺陷风险 2. 堆芯围筒与吊篮间缝隙异物风险 3. 吊篮筒体上紧固件撞坏风险 4. RVI导向管开箱检查发现锈蚀风险 5. IGA紧固件锁紧杯开裂风险	1. 驻厂质量监督,建立质量管控例会机制 2. 经验反馈宣贯与落实检查 3. 定期质保监查、专项监督 4. 制订质量管控专项计划,实施关键工序技术交底,对性能验收试验先决条件进行检查及过程监督
31	CG 020106	TG包核心设备供货质量风险	TG包核心设备质量风险有以下几点: 1. 汽轮机转子叶片结构强度是否满足机组 2. 焊接转子加工及装配应满足设计要求,轴系稳定,满足设计规范,无失稳风险,轴系振动满足设计规范 3. 转子焊接质量满足工艺要求,缺陷是否超标风险	1. 针对动叶片加工制造确定合理的质保分级,动叶片毛坯\热处理或表面处理\叶片及耐蚀片抛光等重要工序质保分级A级管理,编制专项质量计划 2. 对转子轴系进行数值计算,组织设计院进行审查 3. 转子锻件毛坯以及转子锻件毛坯加工和转子焊接按照质保分级确定

续表

序号	风险编码	四层风险名称	风险描述	常用应对措施
31	CG 020106	TG 包核心设备供货质量风险	4. 汽轮机隔板采用精铸导叶，焊接工艺是否稳定可靠风险	为 A 级，过程控制严格 4. 结合汽轮机隔板产品件焊接问题进行工艺评估，在产品件焊接前进行模拟装焊试验 5. 关键工序和验收设见证点，对承包方的监造执行进行监督
	CG 采购风险 −02 设备质量风险 −02 核燃料质量风险			
32	CG 020201	首炉核燃料采购及供货风险	1. 采购的零部件不符合设计文件要求的风险 2. 燃料组件监造人员经验欠缺，或无燃料组件监造经验，存在组件监造不到位、质量缺陷无法发现的风险 3. 燃料组件与相关组件配插、燃料棒焊接、骨架胀接等质量风险	推动燃料组件监造队伍建设，保持监造队伍人员稳定，并提高监造人员燃料组件监造能力。业主单位派人加强监造监督
	CG 采购风险 −02 设备质量风险 −03 成套设备供货质量风险			
33	CG 020301	TG 包抽汽疏水器、油系统清洁度、汽缸螺栓孔清洁度等依托项目经验反馈落实不到位风险	成套设备原材料采购往往多层分包，分包商众多且质量管控水平参差不齐，设备制造、组装及试验过程中的质量管控存在不确定因素，叠加影响设备的系统功能实现	1. 驻厂质量监督，建立质量管控会机制 2. 经验反馈宣贯与落实检查 3. 定期质保监查、专项监督 4. 制订质量管控专项计划，实施关键工序技术交底，对性能验收试验先决条件进行检查及过程监督

续表

序号	风险编码	四层风险名称	风险描述	常用应对措施
34	CG 020302	MS20 一回路取样系统设备包技术质量（系统功能实现）风险	MS20 一回路取样系统设备包功能要求较复杂，涉及气液两相多种取样要求和规格，装置内部工艺流程复杂，仪表、阀门种类多样且精度要求高。在依托项目中 MS20 设备的制造、安装和调试阶段发生了大量的问题	1. 对厂家提交的设备详细设计文件，通过 E-P 接口提资流程，管路、电气和仪控接口文件提交设计方审核，保证设备接口与上游系统接口的一致性 2. 制造样机并完成样机试验 3. 针对依托项目 MS20 设备问题进行经验反馈，对依托项目问题逐条分析并讨论解决方案 4. 编制 MS 成套装置供应商文件审查导则，总结审查文件的关注要点
CG 采购风险 -02 设备质量风险 -04 批量化物项供货质量风险				
35	CG 020401	批量化物项供货质量风险	紧固件、阀门、管道管件、支吊架、电缆、电缆桥架等大宗物项，在机加工、焊接、无损检测、性能试验、出厂验收等环节无法做到全过程全批次监督管控，物项到货验收时暴露出各类与设计不符的问题，造成返修处理，影响现场需求	1. 引入第三方检测机构进行质量抽检 2. 质保监查及专项检查 3. 配合监管机构的专项整治

续表

序号	风险编码	四层风险名称	风险描述	常用应对措施
CG 采购风险 –02 设备质量风险 –05 仪控设备供货风险				
36	CG 020501	机柜制造过程出现质量缺陷导致返工处理	机柜制造过程出现质量缺陷导致返工处理，若问题暴露得晚可能导致大范围返工	1. 加强对供货商的质保体系检查 2. 提高采购方、业主方的监造力度，及时发现和处理质量问题，避免问题后期暴露影响项目进度
37	CG 020502	基础设计、详细设计文件出现错误，导致设计回归返工	设计输入文件的错误，可能导致仪控工程实施的设计回归和返工，若错误未能及时发现，可能导致测试不能通过	1. 供货商要主动沟通，特别是与设计方的沟通，遇到任何问题、待澄清项、潜在的理解分歧项等，要积极主动与设计方做好沟通。随着设计深入，要不断与设计方沟通与确认当前工程设计与设计院要求的符合性，只有不断地沟通和确认，才能保证工程设计的正确性 2. 设计方参与仪控工程设计文件的审查
38	CG 020503	接口测试不充分	子系统间接口测试需要各子系统或必要部件就绪，以创造测试窗口，各子系统进度差异增加了测试安排难度	1. 充分考虑各系统制造集成进度、产品可用程度，制定各系统接口联调方案 2. 充分考虑 1、2 号机的供货进度关系，合理安排系统间接口联调测试，测试安排要在进度计划中体现

续表

序号	风险编码	四层风险名称	风险描述	常用应对措施
39	CG 020504	FT测试未能覆盖全部技术规范要求	FT工厂测试未能覆盖全部技术规范要求，存在漏项，导致测试不充分，在调试期间发现问题	1. 仪控系统的工程实现文件（工厂测试大纲及规程等）由设计方相关系统设计人员审核确认，以把控和确保所有的仪控测试文件满足上游设计要求 2. 利用工程样机，对系统集成测试及其规程进行预演，确保测试规程内容的完整性和准确性
40	CG 020505	测试规程质量不高，导致测试不充分	供货商工厂测试规程可能存在错误较多、不能覆盖所有工况状态等问题，导致测试不能通过或测试不充分	1. 仪控系统的工程实现文件（工厂测试大纲及规程等）由设计方相关系统设计人员审核确认，以把控和确保所有的仪控测试文件满足上游设计要求 2. 利用工程样机，对系统集成测试及其规程进行预演，确保测试规程内容的完整性和准确性
41	CG 020506	供货商完工文件质量不高，不能满足验收要求	供货商缺乏完工文件编制经验，未建立完善的文件体系，文件质量存在风险	1. 组织项目各方成立仪控设备竣工文件专项小组，推动完工文件的编制和审查工作 2. 各方在完工文件编制后提前开展线下审查，提高审查效率

续表

序号	风险编码	四层风险名称	风险描述	常用应对措施
CG 采购风险 –03 技术研发风险 –01 三新设备风险				
42	CG 030101	主泵研发交付的风险	屏蔽主泵样机鉴定试验问题尚未完全解决，试验结果存在不确定性，影响主泵的最终定型，进而制约产品泵后续装配、试验及出厂	1. 驻厂专人负责，密切跟踪并支持样机试验 2. 样机试验前落实全面的先决条件检查 3. 对试验台架调试、运行进行技术支持 4. 历次试验问题经验反馈落实检查
43	CG 030102	爆破阀技术及质量风险	1. 爆破阀不同于常规的闸截止阀门，其制造过程涉及专业较多，有机加工、电气、火药等。爆破阀的制造多采用部件分包的方式：药筒和电气接插件由合格的分包商加工制造，爆破阀供应商负责阀门本体组件的制造和装配 2. 须进行严重事故、可靠性要求验证 3. 位置指示器组件为满足严重事故，需要重新研制	1. 总结依托项目经验，组织各方学习并验证落实情况 2. 编制监造细则，制定风险管控措施 3. 深入了解爆破阀制造工艺，结合质量计划，合理分配见证点 4. 针对特定设备、特定工序编制监造检查单 5. 阶段性驻厂，全程参与爆破阀关键制造节点 6. 组织多方进行关键节点见证、验收
44	CG 030103	三新设备风险	首次承制项目设备，无核电项目供货经验的新厂家；供应商首次承制的，没有参数相近的同类型、同功能、同等级或执行同一制造标准的供货业绩的新设备；	1. 建立三新设备台账清单，制定管控方案和应对措施，识别风险并划分风险层级，层级高的重要设备实施专项管控 2. 驻厂专人负责，建立与厂家的协调机制

续表

序号	风险编码	四层风险名称	风险描述	常用应对措施
44	CG 030103	三新设备风险	供应商首次应用，且使用效果需在项目验证的制造工艺或技术；由于上述新厂家、新设备、新技术风险，产品性能的成熟性、可靠性均需重点管控和检验	3. 定期质保监查、专项质量监督 4. 关键环节过程跟踪、技术支持 5. 经验反馈宣贯与落实检查
45	CG 030104	厂用水泵技术风险	1. 供应商对于设计要求理解可能还不清晰、不明确 2. 根据依托项目经验反馈，可能出现性能、材质、无损检测等偏离 3. 泵机组考虑冷链加强，设备分级为 D 级，要求按核 3 级设备设计、制造，电机按 1E 级设备设计、制造；非抗震类设备，要求在按照民用抗震设防基准（抗震设防水平采用 8 度）设计的地震时 / 后（地震发生时或发生后），泵机组要求保持完整性及可运行性	1. 在设备开工前邀请设计院与供应商进行设计交底 2. 相关设备技术问题设计院提供技术支持 3. 在设备开工前对供应商进行依托项目经验反馈工作 4. 提交已通过抗震试验的与泵电机结构相似的 1E 级电机样机的相关抗震试验报告，发送设计院联合审查；由长泵委托设计院完成泵机组的抗震分析报告 5. 重点关注剖面图泵组件材质、预埋件材质、无损检测规程等是否满足规范书要求
46	CG 030105	人员闸门技术及质量风险	1. 无相同设备供货经验，对人员闸门制造过程中的难点要点不熟，特别是贯穿筒体的成型和制造无相关经验	1. 组织设计交流，对依托项目出现的问题进行经验反馈，针对发运后可能出现的密封面等问题重点反馈，对焊接和成型过程中出现的问题给予提前告知

续表

序号	风险编码	四层风险名称	风险描述	常用应对措施
46	CG 030105	人员闸门技术及质量风险	2. 密封件、压力平衡阀和电气贯穿件为外购件，且须进行鉴定试验 3. 人员闸门传动机构由制造商自行设计，存在不能满足设计要求的风险 4. 制造商缺少人员闸门的调试和试验经验	2. 密封件、压力平衡阀和电气贯穿件供货方采用上游设计院的合作单位，且在制造前相关鉴定试验须通过审批 3. 传动机构样机须完成相关鉴定试验审核 4. 对人员闸门调试及试验方案进行联合审查
47	CG 030106	RNS正常余热排出泵技术及质量风险	1. 供应商对于设计要求理解可能还不清晰、不明确 2. 根据依托项目经验反馈，可能出现较多的尺寸或技术偏离 3. 泵机组考虑冷链抗震加强，要求在SSE时/后泵机组保持完整性及可运行性 4. 厂家在管口堆焊层及其他焊接位置材料选用可能存在不恰当或者焊材使用错误的情况 5. 存在较多外购件及内部管路，分开发货可能存在安装不匹配情况	1. 设备开工前进行设计交底，帮助供应商理解设计要求 2. 对供应商进行依托项目经验反馈工作 3. 对电机样机进行抗震试验，完成泵机组抗震分析报告 4. 供应商提交设备焊点图，明确设备制造过程中所有焊点、对应焊点所使用的焊接材料及焊接工艺 5. 监督相关配套外购件的安装，并整机进行试验 6. 厂家进行样机水力叶轮的研制，同时会多准备一套易损件用于相关验证试验，保证产品可靠性

续表

序号	风险编码	四层风险名称	风险描述	常用应对措施

序号	风险编码	四层风险名称	风险描述	常用应对措施
CG 采购风险 –03 技术研发风险 –02EQ 鉴定影响设备供货风险				
48	CG 030201	EQ 鉴定影响设备供货风险	鉴定结果存在不确定性，进而影响产品的按计划开工以及制造供货	1. 制定专项管控组织机构和工作方案 2. 梳理台账清单，逐项制定应对措施、责任人和完成时间 3. 形成向下游的定期协调机制、向上游的定期汇报机制，督促推动 EQ 试验项目事项 4. 阶段性驻厂协调推动、过程跟踪 5. 关键环节技术支持、专题汇报
CG 采购风险 –03 技术研发风险 –03 仪控平台研发风险				
49	CG 030301	仪控平台首次工程应用技术风险	国产化仪控平台首次研制应用于核电工程项目，缺少工程项目应用业绩，技术符合性及产品可靠性有待验证，存在产品缺陷或技术偏差的风险	1. 为应对"新技术、新设备、新厂家"特性带来的风险，总包方组织设计方、业主方、调试方，在产品开工制造前，共同开展针对仪控平台的联合测试 2. 推动平台在非核项目试点应用，应用经验反馈在核电项目落地
50	CG 030302	安全级仪控平台鉴定试验风险	安全级仪控平台在取得 HAF601 许可证后，进行了必要的研发升级，须针对新设备开展补充鉴定试验，存在试验不通过风险	制订专项计划，协调好试验机构，按期完成试验工作

续表

序号	风险编码	四层风险名称	风险描述	常用应对措施
51	CG 030303	堆内外核测系统国产化研制风险	堆内外核测系统作为核电站反应堆运行情况监测的关键设备，国产化研发难度大，存在堆上试验及鉴定试验无法按期通过风险	1. 采用两条国产化路线及国际采购路线的"2+1"供货方案，同步推进，降低供货风险 2. 推动供货商开展样机研制，提前做摸底鉴定试验，尽可能降低技术风险，确保鉴定试验一次通过 3. 协调堆上资源，确保按期通过堆上试验，验证样机核性能 4. 必要时高层出面协调，推动厂家完成HAF601取证
52	CG 030304	技术偏差处理风险	仪控平台研制过程及设备采购过程存在不符合技术规范书的偏差，设计方与供货方反复多轮次开展澄清对话，决策流程长，影响产品设计固化与生产制造	1. 仪控设备采购方、设计方、供货方须建立高效顺畅的沟通决策机制，对于识别出的偏差，双方通过充分的技术澄清固化解决方案，减少偏差处理的轮次，必要时按照技术协调机制进行决策 2. 供货商要主动沟通，特别是与设计方的沟通，遇到任何问题、待澄清项、潜在的理解分歧项等，要积极主动与设计方做好沟通。随着设计深入，要不断与设计方沟通与确认当前工程设计与设计院要求的

续表

序号	风险编码	四层风险名称	风险描述	常用应对措施
52	CG 030304	技术偏差处理风险		符合性，只有不断地沟通和确认，才能保证工程设计的正确性
53	CG 030305	核级仪表国产化研发风险	首堆工程部分核级仪表为首次国产化研制，存在技术指标无法满足设计要求、鉴定试验无法按期通过、取证延期等风险	1. 以科研课题、联合研制等方式，扶持第二家国内厂商开展符合技术指标要求的设备研制工作，作为必要的备用路线 2. 提前开展设备摸底试验，加强取证过程中每项鉴定试验准备工作的技术检查，确保鉴定试验一次通过 3. 必要时高层出面协调，推动厂家完成 HAF601 取证
54	CG 030306	仪控工程设计实施存在维修不可达风险	仪控系统首次工程应用，可能存在维修不可达、维修便利性等运维角度的工程设计缺陷	1. 业主仪控维修人员、驻厂仪控供货商，参与工程设计实施工作，对于维修不可达、运维便利性问题，在工程期提早沟通解决 2. 关注同行电厂运维问题的经验反馈，并在项目上推动落实
CG 采购风险 –04 采购管理风险 –01 总包方采购管理风险				
55	CG 040101	常规岛采购管理与监造管理风险	1. 常规岛采购承包方在人力资源配置、项目管理、进度管理、安全质量管理、采购风险管理、	1. 制订整改计划，落实采购管理和监造人员配备、管理体系完善的有效措施

续表

序号	风险编码	四层风险名称	风险描述	常用应对措施
55	CG 040101	常规岛采购管理与监造管理风险	经验反馈、监造管理等方面存在缺失或执行不到位 2. 常规岛监造服务商在资源配置、培训授权、程序体系、监造执行、质量问题管理、经验反馈等方面存在缺失或执行不到位，制约常规岛采购管控能力和效率	2. 开展质保监查、专项监督检查 3. 高层级协调推动
56	CG 040102	BOP 设备采购模式及质量管控方式风险	总包方在综合检修厂房、海淡厂房等 BOP 子项的设备供货进度协调、出厂及到货验收、完工资料审查等环节问题频发，反映出 BOP 设备的采购模式及质量管控方式，以及采购管控力量方面长期存在不足，影响产品供货质量	1. 总包方改进 BOP 设备采购模式及质量管控方式，将其纳入直接采购管理的范畴 2. 从保障 BOP 设备的采购质量和进度方面加强管控力量配备
CG 采购风险 –04 采购管理风险 –02 核燃料采购管理风险				
57	CG 040201	分供方之间涉及燃料零部件验收与组装制造问题协调管理的风险	签订合同采购燃料组件零部件，燃料组件组装合同采购模式存在制造方质量责任无法得到落实的风险，造成后续质量问题责任不清	1. 协议中设置采购方参加或实施质量保证活动的条款 2. 协调将零部件及相关组件采购质量责任问题落实到分包合同中

续表

序号	风险编码	四层风险名称	风险描述	常用应对措施
CG 采购风险 –04 采购管理风险 –03 供应商设备管理风险				
58	CG 040301	供应商项目设备管理风险	部分主要设备供应商对关键设备制造的风险防范意识、质量管控水平，在某一段时期会存在普遍弱化的情况，执行不到位，制造过程中意外或质量问题频发，影响计划执行及按期供货	1. 提高项目设备的管理层级，配备质量控制专职人员，加强设备制造各环节的资源保障力量 2. 总包方安排经验丰富的骨干人员驻厂协助开展质量整改，直至得以有效改观
CG 采购风险 –04 采购管理风险 –04 物项供需管理风险				
59	CG 040401	供需不匹配导致供货吃紧风险	单台机组所需的阀门、支吊架、管件、通防等大宗物项达上万件，由于现场给出的大宗物项需求清单不够精确，无法实现精细化到位号的跟踪，往往造成物项供货与现场需求不匹配的情况，导致现场急需物项不能按期供货的风险	1. 建立业主、总包方、建安单位之间的采购施工协调机制，对近期需求和供货计划进行对接沟通、匹配 2. 对采购供货计划与现场建安需求计划进行梳理匹配，形成全周期阀门、支吊架、管道管件、机械、模块等物项供需计划清单，细化至位号，打通施工－采购－供应商壁垒，精细化实现全周期物项供需匹配与跟踪
60	CG 040402	施工需求提前造成供货吃紧风险	现场施工因逻辑调整，设备需求提前，厂家无法在期限内集中资源并实施排产赶工，供货进度吃紧，致使无法满足施工需求的风险	通过业主、总包方、建安单位之间的采购施工协调机制，施工和采购对近期需求和供货计划进行对接沟通、匹配，形成对物项供需的高效协同和传导

续表

序号	风险编码	四层风险名称	风险描述	常用应对措施
CG 采购风险 –04 采购管理风险 –05 物资管理风险				
61	CG 040501	现场设备成品保护风险	设备自运输、仓储、建安至调试全过程历时长，所处环境相对制造厂恶劣，若缺失良好的维护保养，容易发生设备损坏或性能降级，影响性能实现，制约工程按期调试及投产目标	1. 成立设备维护保养专项组，下设各专项小组进行实体运作并统筹管理 2. 建立成品保护管理程序体系，形成维护保养台账、健全检查记录并定期总结报告，每月开展工程期设备维护保养监督检查
CG 采购风险 –04 采购管理风险 –06 仪控管理风险				
62	CG 040601	仪控项目各方接口关系复杂，协调管理不畅导致项目推进困难	核电仪控项目接口复杂，仪控供货方提供集成供货的解决方案，上游接受总包方、业主的协调管理，往往需要消化来自多个设计方的设计需求；下游与物料、子系统、仪表等物项的分供方存在接口。接口关系复杂，叠加各方利益冲突，问题出现后不能及时协调解决	1. 总包采购方牵头组建具有核电项目管理经验的项目高效执行团队，合理制定项目管理程序，明确项目各方接口管理关系、工作流程、协调与决策机制 2. 制订合理的合同执行计划，采取有效的措施和方法对项目研发及生产制造过程的质量和进度进行把控 3. 业主应依据合同关系，充分参与项目协调管理工作，发挥业主监督作用，推进项目的顺利实施
63	CG 040602	技术问题决策流程长，久拖	仪控技术问题的分级决策机制不能有效运作，各方沟通效率低，	1. 明确并落实技术决策机制和职责，建立技术决策的分级授权体系，

续表

序号	风险编码	四层风险名称	风险描述	常用应对措施
63	CG 040602	不决影响工程实施	导致问题久拖不决，工程设计迟迟无法固化	明确管理接口和责任，推动技术决策流程的有效实施，以快速高效处理技术问题 2.设计方、采购方、业主方深入供货商，降低沟通成本，靠前协调，推动技术问题的澄清和解决
64	CG 040603	分包仪控设备供货风险	分包仪控设备采购管理链条长，分包关系复杂，出现问题不能及时传递信息并协调解决，影响设备供货	总包方明确主仪控和分包仪控的技术与进度一体化协调管理机制，加强监造管理
65	CG 040604	项目人力资源不足，与任务量不匹配风险	供货方仪控项目实施采用前后台管理模式，项目人力投入需随任务量增加，管理协调、工程技术、装配、测试等业务人员的数量及资质能力将对项目能否按计划执行有重要影响	1. 梳理项目人力需求曲线（覆盖各子系统），分析项目研制任务需求与目前已投入人力的匹配情况；供货商其他项目进度重叠情况，分析是否影响项目后台业务人力的投入 2. 业主方、设计方为项目提供人力支持，派驻团队长期驻厂参与项目实施
CG 采购风险 –05 采购政策风险 –01 进口设备按期供货风险				
66	CG 050101	进口设备因国外疫情影响供货进度风险	进口设备由于受到各国疫情管制的影响，设备供货时间可能存在实质影响现场安装需求的风险	1. 定期的高层级／高频次协调机制 2. 空运交付，缩短运输时间

续表

序号	风险编码	四层风险名称	风险描述	常用应对措施
67	CG050102	国外出口管制进一步升级风险	国外相关法规收紧，如果管制进一步升级，美国采购物项存在无法交货的情况，影响设备或系统按期安装或调试	1. 定期的高层级/高频次协调机制 2. 空运交付，缩短运输时间 3. 通过设计改进，尽可能实现国内供货 4. 实施国产化备用方案，依托自主化研发项目推进设备国产化
CG 采购风险 –05 采购政策风险 –02 设备国产化风险				
68	CG050201	国产化及HAF取证影响产品供货风险	部分设备处于国产化研发阶段，尚未开展产品采购或国内采购困难，如研制单位的样机/样件性能不确定，HAF取证周期长，产品采购合同无法有效实施，供货进度可能存在制约工程需求的风险	1. 推进科研进展，协调参研单位按既定的研发计划完成样机鉴定 2. 提前协调研制单位与核安全局沟通取证及质保管控事项 3. 提前开展产品采购准备工作，实现样机研发与产品制造的接续推进
CG 采购风险 –05 采购政策风险 –03 核监管风险				
69	CG050301	安全审查风险	相对报审的 PSAR 文件，施工设计阶段部分设计方案有所调整，例如，系统抗震等级描述修改，增加了一些保护功能和仪表（依托项目经验反馈＋设计优化）等，这些不一致可能对将来 FSAR 审评以及执照申请带来一定风险，若涉及仪控系统/设备，则可能对供货造成影响	项目各方要高度重视新平台应用的监管风险，要及早报告、及早沟通，一切向监管方保持透明，有问题马上组织对话，共同推动新平台项目应用，例如，平台IV&V 报告尽早提交监管部门（安审中心、华北站）。平台问题不要等到 FSAR 再解决，否则会有颠覆性问题。有

续表

序号	风险编码	四层风险名称	风险描述	常用应对措施
69	CG 050301	安全审查风险		问题就联系监管方对话沟通,该整改及早整改
70	CG 050302	核级仪控设备 HAF601 / 604 取证不能按期完成风险	核级仪控物项国产化研发须取得 HAF601 许可证,进口核级仪控设备厂家须取得 HAF604 许可证,取证周期长存在不确定性	1. 与监管方建立沟通渠道,及时按要求提交取证相关文件,并密切沟通审查事宜 2. 必要时高层出面协调,推动厂家完成取证
71	CG 050303	核级仪控设备生产制造过程核监管风险	核级仪控设备生产制造过程接收核安全局的监督,重要节点需与监管方沟通见证,存在不能按要求通过或延期风险	1. 项目各方要高度重视新平台应用的监管风险,要及早报告、及早沟通,一切向监管方保持透明,有问题马上组织对话,共同推动新平台项目应用,例如,平台 IV&V 报告尽早提交监管部门(安审中心、华北站)。平台问题不要等到 FSAR 再解决,否则会有颠覆性问题。有问题就联系监管方对话沟通,该整改及早整改 2. 对于进口核级设备,需要考虑报关检问题,提前与监管方沟通,确保相关条件及时释放

第
九
章

核电工程施工领域风险管理

施工领域四层风险及常用应对措施清单

序号	风险编码	四层风险名称	风险描述	常用应对措施
JA 施工风险 −01 施工"新"应用风险 −01 新技术应用风险				
1	JA 010101	CA/CV 大型结构模块吊装变形风险	大型结构模块外形尺寸大、重量大，吊装过程中存在吊装变形风险	1. 编制专项吊装方案，并组织专家评审 2. 根据设计及方案要求增加防变形工装，加强结构 3. 严格按方案核实吊装环境，并监督吊装作业流程
2	JA 010102	钢制安全壳（CV）贯穿件焊后热处理出现裂纹风险	钢制安全壳（CV）贯穿件（尤其是闸门）焊后进行热处理时，易产生裂纹，裂纹处理对进度造成影响	1. 开展数值模拟分析，制定热处理施工方案 2. 根据贯穿件位置选取合适的热处理工装 3.成立技术决策组织，对热处理过程中出现的问题及时开展技术决策
3	JA 010103	钢制安全壳（CV）焊后热处理出现变形风险	钢制安全壳（CV）焊后进行热处理时，易产生变形，变形增加后续安装难度，对进度造成影响	1.合理选择热处理工装，控制变形量 2. 进行工艺优化，研究部分焊接部位取消热处理的可行性
4	JA 010104	屏蔽厂房 SC 结构整圈吊装风险	SC 结构整圈吊装过程中存在与钢制安全壳碰撞风险。吊装时因为受力不均匀，刚度薄弱处存在变形较大的风险。SC 结构安装属于高空作业，存在作业期间人员安全管控风险	1. 制定 SC 结构吊装专项方案，明确对 SC 结构吊装作业期间的天气要持续关注，尽量避开恶劣天气 2. 制定 SC 结构安装方案(包含挂架拆装方案)，明确两层钢面板错边不一致的调整方案，明确

续表

序号	风险编码	四层风险名称	风险描述	常用应对措施
4	JA 010104	屏蔽厂房SC结构整圈吊装风险		高空作业安全保障措施并在施工计划中考虑挂架拆装时间 3. 制定SC结构吊装专项方案及运输方案，合理设置吊点，刚度薄弱处应予以加固，增加配重调平 4. 进行整圈吊装，验证吊装工艺可行性
5	JA 010105	模块单板墙结构混凝土浇筑变形风险	单板墙结构混凝土浇筑时，单侧混凝土浇筑时，有产生变形的风险	1. 对单板墙结构进行加固处理，可采用设置拉结钢筋方式进行斜向拉结加固 2. 严格控制混凝土浇筑速度，并做好浇筑过程中的测量工作，如发现变形立即停止浇筑
6	JA 010106	环吊轨道安装变形风险	环吊轨道、水平轮压板安装，需要焊接。这些件都会间接地与CV筒体焊在一起，CV筒体做压力试验后会变形，轨道也会变形，安装参数会发生变化，存在导致轨道安装不合格风险	协调供应商判断焊接必要性或焊接时机，讨论焊接部件在泄漏率实验后调整的可行性及调整方式
7	JA 010107	环形风管/临时风管与CV2整体吊装的变形风险	环形风管&临时风管与CV2R整体吊装，依托项目风管均为岛内安装，存在风管变形风险	1. 正式风管设置软连接 2. 吊装后检查筒体及风管变形情况

续表

序号	风险编码	四层风险名称	风险描述	常用应对措施
8	JA 010108	主蒸汽管道采用自动焊接质量风险	主蒸汽管首次采用自动焊，存在首次应用风险	1. 开展工艺评定工作 2. 开展模拟试验
9	JA 010109	非能动罐（15号罐）首次模块化施工，整体吊装风险	非能动罐（15号罐）模块化施工，整体吊装，依托项目为安装位置现场拼装，存在变形风险	1. 针对吊装形式进行计算分析，确定整体或分段吊装形式 2. 针对具体的吊装形式设计制作吊装防变形工装
10	JA 010110	压力容器垫板加工工艺风险	压力容器调整垫板加工采用三维建模计算，依托项目使用调平螺栓调整、机械方法测量，存在压力容器水平度、标高超差风险	1. 将2号机组的水平调整垫作为备件 2. 水平调整垫计算时按理论标高计算，同时增加一定调整量，当出现水平度不符合设计要求时可具备二次加工条件
11	JA 010111	SC结构首次使用自动焊技术风险	SC结构首次使用自动焊技术，存在焊接质量风险	1. 做好工艺研发工作，完成工艺试验及评定 2. 编制专项方案，开展操作及管理人员的培训
12	JA 010112	主蒸汽管道贯穿件组合模块施工技术风险	主蒸汽管道贯穿件组合模块施工技术，贯穿件钢筋组合模块相较依托项目尺寸、起重量更大，安装精度高，施工逻辑复杂，0.00m楼板较薄，在6.00m板设置支撑，工期影响较大	1. 设计优化 2. 专项方案 3. 复核计算0.00m压型钢板楼板设置支撑的可行性

续表

序号	风险 编码	四层风险 名称	风险描述	常用 应对措施
13	JA 010113	M-019 高 强度自密 实混凝土 首次使用 风险	M-019 高强度自密实混凝土首次使用,强度检验时对于试块平面度、均匀性等指标敏感性高,控制不严将引起质量风险	1. 试验人员培训,严格取样操作规范性 2. 增设强度前检验质量计划点 3. 采用钢制模具制作试块
14	JA 010114	CV 各环 段的吊装 方案首次 应用风险	CV 各环段的吊装方案的设计与依托项目不同,依托项目采用八卦梁设计,CV 本体各吊点为竖向载荷,项目采用斜拉式吊点设计,吊耳设计形式不同,结构变形对计算符合性存在影响,存在影响吊装安全性的风险	结合 CV 吊耳存在的问题对吊装工艺进行复核,对吊耳设计进行优化
JA 施工风险 -01 施工"新"应用风险 -02 新设备应用风险				
15	JA 010201	大吊车首 次吊装安 全风险	国产大型履带吊,执行首次吊装作业,机械设备本身,以及起重作业人员配合存在风险	1. 开展吊装前风险辨识,逐项消除 2. 严格执行吊装方案,按照制定的吊装步骤执行 3. 安排专人操作,做好设备维护保养
16	JA 010202	大型结构 模块专用 吊具首次 使用风险	大型结构模块专用吊具首次使用时存在吊具变形、失稳等风险	1. 依据结构模块形状、尺寸、重量设计合适的吊具结构形式 2. 吊具必须完成模拟载荷试验验证后方可使用 3. 吊装时严格按照吊装方案执行

续表

序号	风险编码	四层风险名称	风险描述	常用应对措施
17	JA 010203	重要专用工具的应用风险	蒸发器临时支撑、主泵小车、螺栓拉伸机等重要专用工具由于国产化或设备尺寸、结构改变等原因，造成与本体干涉、无法满足使用功能等风险	1. 充分借鉴依托项目经验反馈，在专用工具设计时避免与设备本体及引入通道上的物项干涉 2. 重要专用工具提前到场，在车间或仓库内组装并进行模拟操作
18	JA 010204	蒸发器支撑力矩紧固风险	蒸汽发生器横向支撑改为螺栓连接形式，最大紧固力矩达 6.8 万牛米，施工质量风险大	1. 定制专用液压力矩扳手，保证狭小空间内紧固力矩的可行性 2. 制作模拟件，试验验证紧固工装满足力矩紧固需要
19	JA 010205	堆内构件均流板安装卡涩风险	堆内构件增加了不带人孔的均流板，安装难度大，且增加 2 次吊装	1. 研究吊装工艺，保证均流板与堆内构件不发生刮擦 2. 按要求涂抹润滑剂，防止螺栓拆装过程中卡死
20	JA 010206	稳压器支撑首次采用螺栓连接的安装风险	稳压器支撑托架相比于依托项目尺寸更大，依托项目为牛腿与支撑直接焊接连接，项目为通过调整板及螺栓与支撑连接，托架与横向支撑连接面要求平整度偏差在 0.5mm 以内，对拼装精度要求更高，存在安装风险	1. 开展稳压器支撑托架组装模拟实验 2. CA01 模块就位后在稳压器支撑托架安装位置设置多个测量点，保证稳压器托架预组装的质量

续表

序号	风险编码	四层风险名称	风险描述	常用应对措施
21	JA 010207	乏燃料格架首次引入风险	乏燃料格架引入。依托项目部乏燃料格架后引入方式为：在屋顶增加单轨吊车，通过多次倒运引入至水池。设计院给出的方案是在燃料抓取机的大车上安装临时小车，格架通过乏燃料运输容器吊车（MH02），从地面引入至12.65m平台，并吊装至Ⅱ区第2排格架位置，再使用燃料抓取机将其吊装至Ⅰ区和Ⅱ区第1排格架位置，最后吊装引入Ⅱ区第2排格架。存在设计方案中的临时小车与燃料抓取机的不匹配风险，临时小车调整范围无法覆盖Ⅰ区和Ⅱ区第1排的每个格架的风险	设计院核实临时小车与燃料抓取机匹配性和调整范围，确保临时小车可用
22	JA 010208	主泵选型未定带来的施工风险	主泵由参考电站的屏蔽泵变成湿绕组泵，给安装带来风险	1. 提前提供 PRE 资料 2. 及时发布 CFC 资料
JA 施工风险 –01 施工"新"应用风险 –03 新施工单位应用风险				
23	JA 010301	核电建设过程中引入新施工单位带来的风险	新施工单位第一次作为分包单位承担核电工程建设，在组织、管理、人员等方面均存在不确定性，给工程建设带来一定的风险	1. 给予新施工单位帮扶支持，尽快建立满足核电工程建设管理要求的组织、体系和队伍 2. 开展厂内施工单位间的经验反馈、交流

续表

序号	风险编码	四层风险名称	风险描述	常用应对措施
JA 施工风险 −02 建安安全风险 −01 施工安全人员风险				
24	JA 020101	施工安全管理人员配备、人员资质不满足要求风险	施工安全管理人员配备数量、人员资质不满足法规、管理要求的风险	1. 依据法规、合同配备足够数量的安全管理人员 2. 建立内部培训、授权管理流程，保障人员授权有效
25	JA 020102	施工作业人员未经安全培训、授权从事作业的风险	施工作业人员未经安全培训、授权从事相关作业的风险	1. 施工作业人员未经安全培训或安全培训考试不合格，严禁进入施工作业现场 2. 对于须取得相应授权方可从事的工作，必须取得授权许可后方可从事此项工作，日常安全监督检查时重点关注
JA 施工风险 −02 建安安全风险 −02 施工安全风险				
26	JA 020201	坍塌风险	边坡坍塌，钢筋墙、脚手架等发生倒排、坍塌	1. 方案编制过程中充分考虑现场实际状况，在方案中明确加固措施和荷载限值 2. 危大工程按照相应的管理要求编制专项方案，组织专家评审，等等 3. 搭设、拆除过程中按照方案执行，及时加固；使用过程中按照方案限制荷载 4. 日常勤检查，恶劣天气后即时开展检查，发现隐患立即整改

续表

序号	风险编码	四层风险名称	风险描述	常用应对措施
27	JA 020202	起重伤害风险	起重设备安装或作业过程中发生倾覆、吊物坠落等	1. 重大吊装应编制吊装方案并经过审查和论证 2. 吊装前对吊装用起重机具进行检查，确保起重机具检验合格，无缺陷和隐患；吊装物料规范绑扎，对于散料等用合适的容器盛装 3. 吊装起重机具操作人员、指挥人员应具备相应的资格证件和能力，熟悉每次吊装作业的方案和技术细节 4. 密切关注天气状况，在天气条件允许情况下方可开展作业；作业前划定吊装警戒隔离区域 5. 起重设备安装编制相应的安装方案，属危大工程的按照危大工程编制专项方案，组织专家论证 6. 采取信息化、智能化手段，对起重机械进行状态监控，发现异常及时整改
28	JA 020203	高处坠落风险	高处作业过程中发生人员坠落	1. 高处作业搭设合适的作业平台，做好防护措施 2. 高处作业人员实施授权管理

续表

序号	风险编码	四层风险名称	风险描述	常用应对措施
28	JA 020203	高处坠落风险		3. 高处作业人员身体健康，无不适于高处作业的疾病 4. 高处作业人员配备并正确系挂安全带
29	JA 020204	受限空间作业风险	受限空间作业人员窒息	1. 严格执行受限空间作业审批、通风、测氧、监护等 2. 发生意外时，杜绝盲目施救 3. 建立受限空间台账，监控管理
30	JA 020205	触电风险	非电工实施电气安装、维修等特种作业，电力设施损坏等意外带电	1. 电气接线、拆线必须由专业电工实施 2. 起重吊装作业、较高设备物料运输充分考虑与架空线的安全距离 3. 潮湿阴雨天气注意做好室外作业的绝缘保护 4. 遵守规范标准开展电气类作业
31	JA 020206	淹溺风险	海工作业、临水作业等发生人员淹溺	1. 临水作业须做好防护措施 2. 水上作业人员须穿戴好救生设备 3. 关注天气变化，恶劣天气下杜绝开展水上作业和临水作业

核电工程项目风险管理手册

续表

序号	风险编码	四层风险名称	风险描述	常用应对措施
32	JA020207	物体打击风险	垂直交叉施工过程中发生高处落物打击等	1. 尽可能杜绝垂直交叉作业 2. 高处作业人员对工器具做好防坠措施，对设备和部件做好收纳工作，避免坠落 3. 高处作业下方应设立隔离警戒区域，必要时设置专人监护 4. 如无法避免垂直交叉作业，务必做好防坠落措施和防打击措施
33	JA020208	机械伤害作业风险	机械伤害作业风险	1. 日常做好机械设备的检查和维护，确保机械设备的良好状态，如出现缺陷，及时进行维修处理 2. 在使用前对设备进行检查，确保状态良好时方可使用，如存在缺陷，即时停止使用 3. 对机械设备等的使用人员开展经常性的教育和培训，进行班前安全交底和演示，确保使用人员熟知使用方法、规范和注意事项，在使用过程中集中注意力，不做与工作无关的事情

序号	风险编码	四层风险名称	风险描述	常用应对措施
34	JA 020209	塔吊群塔作业风险	塔吊群塔作业、交叉作业，由于防碰撞系统失效/无法连锁控制，发生剐蹭	1. 群塔作业范围内，塔吊使用前检查记录，增加对塔吊防碰撞和通讯系统的有效性检查 2. 群塔作业前，组织开展塔吊防碰撞安全技术交底 3. 编制无施工方案的现场吊装活动，细化小型吊装作业方案 4. 群塔作业，塔吊小车增加限位标识 5. 塔吊/汽车吊安装连锁控制装置，提升本质安全措施
35	JA 020210	临时用电安全风险	雨季潮湿，电缆中间接头接线方法不正确，绝缘防护材料选择不适合及方法不正确，电动工具绝缘性降低、长时间使用过热、日常检查缺失，断路器及漏电保护器动作时间和电流未按规定检测，等等	1. 按照程序规定，每季度检测电动工具绝缘性并粘贴季度检验标签 2. 严格按照使用说明书使用电动工具，禁止长时间连续使用 3. 做好电动工机具的使用前检查 4. 按照程序要求，每月一次做好断路器及漏电保护器的检测 5. 按照规范要求，三级箱（开关箱）接线禁止出现接头 6. 配电箱及焊机位置设置要求避免与水接触，做好防水措施

续表

序号	风险编码	四层风险名称	风险描述	常用应对措施
JA 施工风险 –02 建安安全风险 –03 交通安全风险					
36	JA 020301	施工现场车辆、人员交通安全风险	施工现场工程车辆较多,上下班期间人员走动频繁,存在车辆剐蹭、人员被撞风险	1. 加强作业人员安全培训,提升个人安全意识 2. 场内采取限速措施 3. 建立人车分流管控措施
37	JA 020302	施工车辆车况风险	工程施工车辆使用频繁,车辆损耗较大,易发生车辆刹车失灵、爆胎等风险	1. 建立车辆进场登记制度,保障合格车辆进入现场 2. 开展车辆定期检查、维护、保养 3. 对不满足要求的车辆立即退场
38	JA 020303	施工车辆司机人员风险	车辆司机饮酒、疲劳驾驶风险	1. 建立人员黑名单制度 2. 对车辆司机进行不定期抽查,杜绝饮酒、疲劳驾驶
JA 施工风险 –02 建安安全风险 –04 消防安全风险				
39	JA 020401	火灾风险	保温材料、装修装饰材料等可燃易燃物质,在一定条件下易引发火灾	1. 杜绝火源,禁止流动吸烟,严格动火作业的监护和防护,动火作业后务必待火灾隐患消除后方可离开作业点 2. 做好对可燃易燃材料的堆放保护措施,避免火源引入和自燃 3. 对存在可燃易燃物料的区域,做好消防灭火措施 4. 对于重点防火部位采取火焰识别等技术手段,实现早发现、早干预

续表

序号	风险编码	四层风险名称	风险描述	常用应对措施
40	JA 020402	危险品爆炸风险	危险化学品引发的火灾爆炸	1. 依照规范标准建立专用设施存储危险化学品、危险废物等，设置专人进行管理 2. 日常对危险化学品、危险废物存储设施进行严格的检查，发现隐患立即整改 3. 危险化学品的管理人员应具备一定的资格和相应的能力
41	JA 020403	施工现场消防设施布置不满足消防要求风险	工程现场子项逐步开工建设，存在消防设施不能及时布置到位、布置不满足消防管理要求的风险	1. 必要时将消防水、消防设施的布设纳入子项开工先决条件审查 2. 定期对现场消防水、消防设施布置进行专项监督检查
42	JA 020404	消防设施维护、保养不到位，造成消防设施失效的风险	灭火器、消防栓、消防带未定期检查，消防水管未有效开展防冻措施等，造成消防设施失效的风险	1. 建立消防设施定期检查制度 2. 冬期做好室外消防管防冻措施
JA 施工风险 -02 建安安全风险 -05 职业健康风险				
43	JA 020501	施工现场风尘对作业人员造成健康损害风险	焊接打磨、墙体打磨、地面打磨等作业产生的粉尘、烟尘对人体造成健康损害	1. 打磨作业区域设置合理的通风除尘设施 2. 作业人员配发防尘口罩，并定期更换 3. 采用新工艺、新技术尽可能减少粉尘、烟尘的产生

续表

序号	风险编码	四层风险名称	风险描述	常用应对措施
44	JA 020502	施工现场噪声对作业人员造成的健康损坏风险	打磨等区域产生的超限噪声对人体造成听力损耗	噪声区域作业人员佩戴护耳器
45	JA 020503	施工现场油漆、防腐剂等化学有害物质对作业人员造成的健康损害风险	油漆作业、防腐作业等区域使用的含苯、甲苯类的化学有害物质对人体造成职业中毒风险	作业人员佩戴防毒口罩，场所设置通风设备
46	JA 020504	辐射安全作业风险	放射源和X射线机作业期间发生人员接受超剂量情况，放射源作业过程中发生卡源事件，放射源运输过程中出现放射源丢失事故	1. 严格按照程序要求完成作业审批流程 2. 放射作业人员纳入放射工作人员职业健康监护中，定期组织体检 3. 配置辐射仪表和个人剂量仪表，作业人员严格进行培训，持证上岗 4. 施工用放射源集中管理，放射源运输专车专用，配置押运人员 5. 作业期间严格监控边界剂量和场所剂量，防止出现场所剂量异常的情况，避免人员在高剂量区域长期停留 6. 制定辐射事故应急预案，定期组织演练，编制演练培训报告

续表

序号	风险编码	四层风险名称	风险描述	常用应对措施
47	JA 020505	夏季高温天气中暑风险	进入夏季,气温逐渐上升,施工现场作业人员劳动强度大,持续时间长,易造成人员中暑	1.在班前会完成防暑预防措施及应急处置措施交底,同时检查作业人员精神是否处于良好状态 2.防中暑药品(藿香正气水无酒精)现场配备 3.作业过程中作业人员互相观察,提前发现中暑人员 4.组织完成人员中暑应急演练 5.建议提供防暑饮料(补盐,补糖) 6.调整夏季作业时间
		JA 施工风险 -02 建安安全风险 -06 环境管理风险		
48	JA 020601	施工中产生的危废品未及时处理风险	施工过程中产生的危废品未集中统一管理、处理,对环境造成污染的风险	1.建立施工现场危废品集中堆放区 2.集中统一对产生的危废品进行无害化处理
49	JA 020602	施工中产生的废水、污水未经处理或处理不达标排放的风险	施工过程中产生的废水、污水,未进过污水处理或经处理后不达标排放,对环境造成污染的风险	1.设置满足要求的现场污水处理设施 2.定期对经处理后的排放水水质进行检测,建立台账
50	JA 020603	海域施工时对周边水域造成污染的风险	海域施工时存在对周边水域造成污染的风险	1.严格按照海域施工作业方案实施 2.开展海域施工期间水质连续监测 3.做好施工设备检查,避免燃油泄漏

续表

序号	风险编码	四层风险名称	风险描述	常用应对措施
JA 施工风险 –03 建安质量风险 –01 施工质量人员风险				
51	JA 030101	施工质量管理人员配备、取证、授权不满足要求风险	施工单位质量管理人员配备数量不满足管理要求，人员授权失效风险	1. 依据法规、合同配备足够数量的质量管理人员 2. 建立内部培训、授权管理流程，保障人员授权有效
52	JA 030102	施工特种作业人员资质不满足要求风险	现场从事特种作业的人员，存在未取得相应资质而从事该项作业的风险	1. 作业人员进场时对相应资质证件进行核查确认 2. 现场巡检时对特种作业人员持证情况进行抽查
53	JA 030103	施工作业人员未经操作培训、授权风险	对于须经过现场培训、授权后方可开展的作业，施工作业人员进场后未经培训、授权直接从事相关作业的风险	1. 依据合同范围，监督各承包商建立完善的作业人员培训、授权管理制度 2. 对作业人员授权情况进行定期检查、不定期的抽查
JA 施工风险 –03 建安质量风险 –02 设备、材料质量风险				
54	JA 030201	施工承包商乙供物项质量风险	乙供物项采购数量大，批次多，可能存在不满足质量要求的情况	1. 总包单位及施工单位做好供应商的评审 2. 参与乙供物项封样的监督，参与重要乙供物项的建厂验收和复验监督 3. 对各单位乙供物项控制情况开展监督
55	JA 030202	施工材料误用风险	施工过程中对材料领用、发放、标识管控不到位，	1. 建立完善的材料领用、发放、标识管理制度

续表

序号	风险编码	四层风险名称	风险描述	常用应对措施
55	JA030202	施工材料误用风险	存在材料误用风险	2. 对于特殊施工材料（如焊条）、特殊位置的材料重点进行管控
56	JA030203	紧固件、支吊架供货、安装质量风险	核电厂建设过程中出现过紧固件供货质量问题、支吊架供货质量和安装质量问题，对工程建设质量和进度造成较大影响	1. 加强合格供方监督，把好供货质量验收关 2. 现场安装时严格方案执行，做好施工过程质量管控
57	JA030204	设备、材料质量证明文件造假风险	物项采购中可能会出现设备、材料质量证明文件造假问题	1. 物项进场验收时严格核对相关质量证明文件 2. 重要设备进行监造，重要材料进行复验，大宗材料进行抽检 3. 选用可靠、信用度高的供货商合作。慎重选择新供货商 4. 建立黑名单制度，发挥行业力量
58	JA030205	混凝土性能质量风险	混凝土性能不稳定，对结构质量造成的风险	1. 进行配合比适配，选取最优配合比方案 2. 定期对混凝土原材料质量进行检测 3. 严格按照方案要求，进行混凝土浇筑、养护
JA 施工风险 –03 建安质量风险 –03 施工工器具风险				
59	JA030301	计量器具未按期标定风险	计量器具存在未按期进行标定，计量结果失准风险	1. 建立计量设备台账，按期开展标定工作，对于不使用的设备及时进行封存

续表

序号	风险编码	四层风险名称	风险描述	常用应对措施
59	JA 030301	计量器具未按期标定风险		2. 对现场使用的计量设备进行抽检
60	JA 030302	计量器具使用精度选取错误风险	施工过程使用的计量器具的精度选取错误，给施工质量带来的风险	1. 施工方案中明确计量器具的精度要求 2. 施工过程中严格按照方案选择精度满足要求的计量设备
JA 施工风险 –03 建安质量风险 –04 施工技术风险				
61	JA 030401	技术文件未充分消化、吸收、理解风险	技术文件未充分消化、吸收、理解，未能识别方案实施中的重难点，导致施工技术方案编制质量风险	1. 按计划交付设计文件，为技术人员提供充足的时间吸收、消化文件内容 2. 建立项目重大施工方案清单，组织开展专家评审 3. 开展同类施工经验反馈 4. 开展桌面推演，提前识别方案执行风险并制定应对措施
62	JA 030402	技术人员技能、责任心不满足要求风险	技术人员技能、经验不足或者责任心不强，导致施工技术方案编制质量风险	建立严格的施工方案编制人员资质要求，认真履行编审批流程
JA 施工风险 –03 建安质量风险 –05 施工过程质量控制风险				
63	JA 030501	压力容器主螺栓或其他重要螺栓卡涩风险	压力容器主螺栓或其他重要螺旋入螺栓孔时发生卡涩，难以旋出或旋出时损伤螺纹	1. 按照设计图纸检查螺纹是否去除第一扣不完整螺纹 2. 严格使用止通塞规、环规进行螺纹检查

续表

序号	风险编码	四层风险名称	风险描述	常用应对措施
63	JA 030501	压力容器主螺栓或其他重要螺栓卡涩风险		3. 严格控制主螺栓、主螺栓孔清洁度 4. 严格按设计要求控制选入力矩，超出力矩时必须停止、报告
64	JA 030502	钢筋密集区域混凝土浇筑风险	预埋件分布集中、钢筋密集，预埋套管管径较大，存在混凝土不密实和保护层不能保证的风险	1. 设置具有一定间距的振捣孔 2. 混凝土浇筑过程采取全程旁站
65	JA 030503	混凝土浇筑时高精度埋件位置控制质量风险	混凝土浇筑下料时的冲击力造成埋件位置移动的风险，给后续安装工作造成影响	1. 细化高精度埋件固定方案，做好埋件固定工作 2. 混凝土浇筑注意下料位置，尽量减少对埋件的冲击
66	JA 030504	仪表表计安装错误风险	磁翻板液位计、流量计孔板等方向安装错误风险	1. 安装时认真核对仪表型号，安装位置、方向，不确定时暂停，核对无误后安装 2. 将安装方向的正确性列入该类设备安装检查的重点
67	JA 030505	大体积混凝土浇筑质量风险	大体积混凝土浇筑干缩裂纹控制不确定因素多，难度大，应力集中的部位产生裂纹。裂纹发生后，其处理周期长	1. 不同级别的裂缝处理要有相应的预案 2. 对于应力集中的部位，容易出现裂缝，增加抗裂钢筋，加强养护过程控制
68	JA 030506	法兰、焊缝渗漏风险	法兰连接处、容器/水池焊接处易出现渗漏风险	1. 法兰安装时核对法兰面平行度、采用合适的垫片

续表

序号	风险编码	四层风险名称	风险描述	常用应对措施
68	JA 030506	法兰、焊缝渗漏风险		2. 与机械设备连接的挂管道法兰面要避免受力 3. 加强对容器、水池焊缝的 NDE 检测,避免盛液后出现渗漏,增加处理难度
69	JA 030507	主管道焊接缺陷及组对超差风险	主管道焊接时出现多发性焊接缺陷,或者因焊接变形控制不利导致 SG 侧组对超差	1. 开展工艺练习活动,保证焊工熟练掌握焊接工艺 2. 开展主管道安装焊接模拟试验,积累变形数据,总结变形控制方法
70	JA 030508	电缆端接错误风险	由于个别设备及物项的相似性,电缆型号和编码相似容易发生端接错误	1. 标识检查。电缆标识与端接设备标识是否完全,是否与图纸及铭牌一致,电缆规格型号是否与图纸一致 2. 端接人员是否有电工证,经过培训合格 3. 校线检查。电缆或芯线与图纸能一一对应 4. 端接材料检查 5. 电缆整理。电缆端接前整理是否满足工艺要求;弯曲半径是否满足技术要求;正式标识牌内容是否正确齐全,是否正确悬挂

续表

序号	风险编码	四层风险名称	风险描述	常用应对措施
71	JA 030509	盘柜及精密设备安装风险	电气仪控盘柜安装容易发生位置安装错误，成品保护不当，受潮，生锈，焊接不到位，力矩不达标，防异物管理失控（进入铁屑等异物），使得盘柜上电后发生质量事故	1. 做好设备安装基础检查。预留孔洞的尺寸、位置、数量与设计比对 2. 安装位置环境条件核查是否满足要求 3. 标识检查。位号、规格型号是否与图纸一致 4. 力矩检查（对于螺栓连接设备）。根据螺栓力矩要求对照表检查 5. 安装后清洁度及成品保护检查。安装完毕后，检查设备内部及外壳是否清理干净，是否有脱漆损坏现象。检查所有螺栓连接，是否牢固。检查动触头和联锁机构是否灵活。检查是否有杂物遗留在盘柜内部。是否悬挂成品保护卡，保护卡内容是否齐全并与图纸要求一致。安装完成后，精密设备房间是否受限管理 6. 定期记录房间温湿度是否满足要求
72	JA 030510	测量放线错误风险	测量基准点、基准线测设错误，造成施工质量风险	对基准点、基准线进行一定比例的复测、验证

续表

序号	风险编码	四层风险名称	风险描述	常用应对措施
73	JA 030511	冬施混凝土浇筑质量风险	冬天气温降低,存在混凝土浇筑时入模温度不满要求、混凝土养护不到位风险	1. 混凝土搅拌前对原材料进行加热,保障混凝土浇筑入模温度 2. 制定混凝土冬期施工养护专项方案(搭设养护棚),保障混凝土养护满足要求
74	JA 030512	冬施墙体砌筑质量风险	冬天气温降低,进行墙体砌筑易存在质量风险	1. 合理安排施工计划,尽量避免在冬施期进行墙体砌筑 2. 制定冬期施工方案,保障墙体砌筑质量
75	JA 030513	冬施防水卷材、涂料、油漆等施工质量风险	冬天气温降低,进行防水卷材、涂料、油漆等施工易存在质量风险	制定冬施质量管控专项方案并严格施工质量过程控制
76	JA 030514	转动设备基础二次灌浆质量风险	转动设备安装时基础二次灌浆出现裂纹、空鼓、不密实等,导致设备转动时震动超标的风险	1. 依据设备基础形式,制订合理的二次灌浆方案 2. 选取合适的灌浆料 3. 基础灌浆后做好养护
77	JA 030515	混凝土浇筑外观质量风险	混凝土浇筑后出现蜂窝、麻面、孔洞等外观质量缺陷,对工程质量造成影响风险	1. 优化混凝土配合比 2. 优化混凝土施工工艺 3. 加强混凝土工培训,取证上岗 4. 加强各方浇筑过程中的质量控制

续表

序号	风险编码	四层风险名称	风险描述	常用应对措施
	JA 施工风险 –03 建安质量风险 –06 成品保护风险			
78	JA 030601	机械设备成品保护（容器充氮保护、转动部件油脂涂抹等）风险	机械设备引入厂房后存在安装过程中损坏，保养不到位、保护不到位损伤的风险	1. 安装过程中严格执行程序方案的要求 2. 设备引入厂房严格执行厂家提供的保养要求，对于重要及特殊设备单独编制成品保护方案
79	JA 030602	管道及设备清洁安装、防异物控制风险	设备及管道安装过程中存在设备清洁度不满足要求，异物进入设备及管道的风险，安装至移交调试期间存在防护损坏风险	1. 督促工程承包商制定防异物控制相关程序，在安装过程中严格执行 2. 督促施工单位养成管道及设备安装过程及时封口的习惯，各级监管单位加强安装过程巡检 3. 管道及设备的清洁度检查作为质量计划工序严格执行
80	JA 030603	电仪设备成品保护风险	核电厂电仪系统多，设备分散布置于各楼层，立体交叉施工多。加之电仪设备安装过程周期较长，专业工序交叉复杂，同时现场地处海边环境潮湿，成品保护工作尤为重要	1. 根据厂家提供的设备维护保养手册编制承包商的现场成品保护工作程序 2. 每日对现场受控房间和有特殊安装环境要求的区域进行检查（主要针对房间\区域的封闭、止水、温度、湿度控制情况），并形成检查台账。每周对除房间以外的设备进行巡检并形成检查记录 3. 合理自定仪表安装时机

续表

序号	风险编码	四层风险名称	风险描述	常用应对措施
80	JA 030603	电仪设备成品保护风险		4. 仪表及仪表架安装完成后须采取具有防火的硬保护措施,硬保护在发生碰撞时仪表本身应不受力 5. 仪表管运至现场及安装过程中须用管帽进行封堵 6. 要加强各级人员的专业培训,提高成品保护意识
81	JA 030604	衬胶管道、法兰脱胶风险	衬胶管道、法兰安装过程中存在衬胶层剥离、划伤风险	依据安装部位,设计专用的防护罩壳,保护衬胶层不受外力损伤
82	JA 030605	衬胶设备冬期防冻不到位风险	衬胶类设备冬期保护不到位,存在胶层脱落风险	制定衬胶类设备冬期成品保护方案并实施,设置专人进行巡视,保障措施有效落实
83	JA 030606	已安装管道损坏风险	对于已安装的管道,特别是小口径管道,若成品保护不到位,易存在管道损坏风险	在施工过程中,应特别注意此类小型易损管道的成品保护问题,及时设置成品保护区,并加强现场巡检。定期向施工单位宣贯成品保护的要求,提升施工人员的成品保护意识
84	JA 030607	地下直埋物项损坏风险	电厂内部分管道、电缆采用直埋方式,在进行某区域开挖时,存在对已安装管道、电缆损坏风险	1. 严格执行动土证办理手续,各专业对开挖区域的物项进行确认 2. 对于已安装物项区域采用人工开挖,避免对已安装物项造成损坏

序号	风险编码	四层风险名称	风险描述	常用应对措施
85	JA 030608	接地铜缆安装后易被破坏风险	土建施工阶段，接地铜缆安装后，存在因土建施工凿毛和其他施工而导致接地铜缆被破坏风险	1. 在土建凿毛相关施工方案中加入凿毛过程成品保护内容 2. 在后续有施工的墙体、楼板处，接地预留线都制作悬挂提醒目标识牌或者保护盒
86	JA 030609	保温层被破坏风险	已施工的保温层存在施工阶段成品保护不到位，被踩踏变形、损坏的风险	1. 合理选取保温层的安装时机 2. 加强人员培训、宣贯，施工时做好对保温层的防护
87	JA 030610	冬期室外充水管道防冻风险	冬期室外生产、生活、消防管道存在冻裂风险	制定冬期室外管道保温方案并实施，定期对室外管线防冻情况进行巡检
JA 施工风险 –04 建安进度风险 –01 设计文件交付风险				
88	JA 040101	设计文件交付滞后风险	设计文件不能按期交付，影响施工技术准备、施工进度	1. 跟踪设计文件交付计划执行 2. 依据现场工程实际进度，及时梳理未来 6 个月设计文件交付情况，对施工进度可能造成影响的及时推动解决
89	JA 040102	设计变更文件处理不及时风险	设计变更、现场变更文件处理流程过长，对现场施工进度造成影响	建立设计变更、现场变更文件快速处理决策机制

续表

序号	风险编码	四层风险名称	风险描述	常用应对措施
90	JA 040103	技术标准、规范文件升版风险	技术标准、规范文件升版，须按照新标准开展设计、材料采购，对工程施工进度造成影响	对技术标准、规范文件升版信息及时进行响应，尽快完成技术决策及后续工作计划安排
91	JA 040104	突发性设计变更风险	对于正在施工的工程部位，突发设计变更文件，导致现场设计变更执行对工程进度造成影响	加强设计文件固化梳理，避免突发性设计变更文件的出现
JA 施工风险 –04 建安进度风险 –02 物项采购到货风险				
92	JA 040201	甲供物项采购到货滞后风险	甲供物项采购到货滞后对施工进度造成影响	1. 跟踪甲供物项交付计划执行 2. 依据现场工程实际进度，及时梳理未来6个月物项交付情况，对施工进度可能造成影响的及时推动解决
93	JA 040202	乙供物项采购到货滞后风险	乙供物项采购到货滞后对施工进度造成影响	1. 跟踪重要乙供物项交付计划执行情况 2. 对于未来6个月乙供物项到货情况进行滚动更新维护，对存在到货滞后物项进行推动解决
JA 施工风险 –04 建安进度风险 –03 施工计划制订风险				
94	JA 040301	工期目标制定论证分析不足风险	工期目标论证不充分，未考虑风险工期，制定的工期目标存在无法实现的风险	1. 组织开展工期目标论证分析 2. 识别项目计划执行风险，加载风险工期

续表

序号	风险编码	四层风险名称	风险描述	常用应对措施
95	JA 040302	各级进度计划间未留工期裕度，导致计划失控风险	各级进度计划间未留工期裕度，下级进度计划滞后直接导致上级进度计划滞后，无调整余量，计划存在失控风险	合理制定工期目标，各级进度计划间预留一定的工期裕度
96	JA 040303	设计、采购、施工、调试计划间接口不匹配风险	设计、采购、施工、调试计划间接口不匹配风险，导致计划不可执行风险	1. 建立 EPCS 一体化计划，做好各计划间的接口匹配 2. 依据施工计划执行情况，动态更新各接口匹配时间点
JA 施工风险 –04 建安进度风险 –04 施工资源保障风险				
97	JA 040401	施工人力资源投入不足风险	施工承包商人力组织困难，施工人力投入不足风险	1. 匹配施工任务量，细化年度人力动员计划 2. 建立项目施工人员保障协调机制，统筹项目施工人力资源
98	JA 040402	施工单位人力工种不匹配风险	人力投入各工种不匹配，造成短期内部分工种资源短缺，进度滞后风险	1. 提前策划人员进场方案，做好各工种匹配 2. 建立项目特殊工种借用机制 3. 动态控制，定期开展评估
99	JA 040403	临建加工、预制产能不满足需求风险	临建加工、预制产能不满足施工进度需求，造成现场施工进度滞后、人员窝工风险	1. 匹配工程施工进度，评估预制产能，及时补充材料加工、预制设备 2. 制订合理的加工、预制排产计划

续表

序号	风险编码	四层风险名称	风险描述	常用应对措施
100	JA 040404	资金支付不到位风险	承包商资金支付不到位，对材料采购、人员稳定造成影响，进而制约工程进度	1. 依据合同约定按期完成各级资金支付 2. 对于合同执行中发生的变更、索赔等及时予以确认并支付
101	JA 040405	垂直吊装力能不足风险	现场塔吊、汽车吊等设备布置不足，无法满足垂直吊装使用需求风险	1. 提前规划现场垂直吊装力能布置 2. 做好现场吊装总体协调 3. 加强设备维护、保养，保障起重吊装设备性能稳定
102	JA 040406	施工临建场地不足风险	项目建设过程中存在部分承包商临建场地不足的风险	依据场址条件，合理规划各施工承包商临建区面积，避免后进场施工单位临建区不足
103	JA 040407	关键、特殊施工专用工具采购不及时、性能不稳定风险	施工中关键、特殊的专用工期采购到货滞后，或到货后设备性能不稳定，影响工程进度	1. 合同中明确关键、特殊施工专用工具的采购责任方 2. 重点关注该类设备采购计划的制订和执行 3. 采购必要的备品、备件，做好设备不能使用的备用或紧急调用方案
104	JA 040408	混凝土原材料水泥、砂石供应风险	混凝土生产用水泥、碎石、河砂受环保管控、交通管制等因素影响，存在断供风险	1. 选取水泥、碎石备用潜在供应商，提前规划备用配合比实验，应对水泥、碎石断供风险 2. 规划场地，提前储备成品河砂，降低断供风险

续表

序号	风险编码	四层风险名称	风险描述	常用应对措施
105	JA040409	混凝土原材料粉煤灰供应风险	受电厂发电负荷调整、机组检修等影响，存在粉煤灰断供风险	1. 积极开展备用粉煤灰潜在供应商调研工作，开展配合比试验，确定备用粉煤灰料源 2. 结合历年电厂负荷调整、机组检修计划，加大现用大粉煤灰存储量
106	JA040410	混凝土阻锈剂供应风险	混凝土生产中存在阻锈剂短缺风险	1. 根据工程进度计划安排，梳理年度混凝土生产计划，结合计划制订阻锈剂采购及试验计划 2. 结合现场实际动态调整阻锈剂储备量，合理安排采购时机
JA 施工风险 –04 建安进度风险 –05 施工技术准备风险				
107	JA040501	施工技术准备滞后风险	施工方案发布、质量计划文件编制、二次转化图绘制等施工技术准备工作滞后，影响施工进度	1. 依据工程进度计划制定施工方案发布、设计文件交底、施工图会、二次转化图绘制等计划并严格执行 2. 按要求配备资质、经验、数量满足需求的技术人员
108	JA040502	经验反馈不到位风险	施工技术准备时，对其他核电项目的经验反馈不到位，导致该类问题再次发生的风险	1. 建立经验反馈管理制度 2. 施工方案编制中单独罗列经验反馈相关章节

续表

序号	风险编码	四层风险名称	风险描述	常用应对措施
JA 施工风险 –04 建安进度风险 –06 行政取文滞后风险					
109	JA 040601	行政取文滞后风险	行政取文工作滞后,导致相关子项不能按照计划目标开工风险	关注政策变化,及时跟进相关取证进展
JA 施工风险 –04 建安进度风险 –07 施工组织协调风险					
110	JA 040701	土建、安装施工接口组织协调风险	工程建设中土建、安装施工交叉较多,土建、安装、模块施工逻辑性强,对施工安全、进度产生较大风险	1. 推进区域化、建安一体化管理,统筹区域施工安排 2. 建立工程协调问题快速解决机制,加强信息沟通、交流
111	JA 040702	工程阻工风险	工程建设期间存在阻工风险,造成施工进度滞后	1. 与地方政府、周边人员加强沟通、协调 2. 开展公众宣传,建立良好氛围 3. 建立问题快速协商机制
112	JA 040703	总平规划不到位风险	施工总平规划不到位、不合理,导致施工场地移交滞后、材料堆场不足等问题,影响工程施工进度	1. 依据工程进度计划安排,统筹现场总平规划 2. 重视总平管理,为现场施工创造良好条件
113	JA 040704	总包单位分包合同边界不清晰、部分子项分包单位确定滞后风险	总包单位进行合同分包时,对于边界界定不清晰,导致出现漏项、扯皮问题,部分子项分包单位确定滞后,影响工程施工进度	1. 结合工程子项性质,合理划分施工分包范围,清晰合同分交边界 2. 依据工程进度计划安排,及时完成合同分包签订

续表

序号	风险编码	四层风险名称	风险描述	常用应对措施
114	JA040705	同厂址运营单位间的协调风险	同厂址运营单位间共用子项、共用设施使用协调风险	建立良好沟通协调机制，本着公平、互惠、互利原则协商
JA 施工风险 –05 建安成本风险 –01 施工索赔风险				
115	JA050101	承包商索赔风险	工程建设过程中发生承包商索赔风险	依据合同条款，做好索赔、反索赔资料收集
JA 施工风险 –05 建安成本风险 –02 工程延期成本风险				
116	JA050201	工程延期，成本控制风险	由于工程延期，导致建设费用增加风险	1. 合同条款明确工程建设工期目标，明确工程延期费用原则 2. 合同中明确工期激励条款，推进进度目标实现 3. 依据工程进展，合理制订年度投资计划，降低财务成本

第十章

核电工程调试领域风险管理

调试领域四层风险及常用应对措施清单

序号	风险编码	四层风险名称	风险描述	常用应对措施
TS 调试风险 –01 调试安全风险 –01 调试隔离许可及工作票管理风险				
1	TS 010101	试验负责人未持票开展工作	试验负责人未按要求持工作许可证开展工作	1. 开展试验负责人培训，考核合格后方能授权 2. 不定期抽查，对于未持票人员现场开展工作进行通报
2	TS 010102	未移交设备误上电风险	因隔离边界不完整或隔离实施疏漏等因素，导致试验设备上电后未移交设备误上电风险	1. 电气工程师，提升安全责任意识，根据实际移交区域情况，确保电气设备隔离边界的准确和完整性，做好现场隔离实施，并有针对性地编制风险分析和应对措施方案 2. 运行／隔离工程师，谨慎审查隔离完整性，根据经审查的工单工作包，现场监督检查隔离实施完整情况
3	TS 010103	仪控系统状态控制不足导致保护逻辑误触发风险、人员伤害风险	试验期间未控制好系统状态、边界，导致保护系统逻辑触发、造成人员伤害、设备损坏	1. 加强人员技能培训，熟悉仪控系统功能和逻辑，在试验程序中明确误触发的风险和隔离需求 2. 试验前按照正式文件确认接口系统间的隔离已完成 3. 通过试验程序推演或模拟机验证的形式提前验证

续表

序号	风险编码	四层风险名称	风险描述	常用应对措施
4	TS 010104	因交叉作业引发隔离失效风险	调试与建安交叉施工作业，因隔离边界模糊不清，隔离边界隔离带标识不清，导致人员进入危险隔离区域风险	1. 现场隔离带标识明确清晰，隔离边界做好护栏隔离，在隔离区域挂设标牌"隔离区域，严禁非相关人员进入"等字样警示 2. 调试隔离办与建安单位详细沟通相关工作内容，详细分析潜在风险，合理安排工作计划
5	TS 010105	TOS 试验期间试验区域管控失效风险	TOS 相关试验期间，无关人员误入试验区域，存在高压油泄露、机械阀门动作造成伤害	1. 验证试验区域隔离完成，主要设备周围设置安全警示标识 2. 涉及汽轮机挂闸/停机前及关闭汽轮机阀门试验时，试验区域应做好警示牌，安排就地专人监护，并建立三段式沟通，以免汽轮机阀门开关或停机伤人事故发生
6	TS 010106	放射性区域作业放射性风险	误入反射性区域，或者未采取可靠措施进入放射性区域，造成人员被辐照的风险	1. 进入放射性区域应取得相应的授权培训，并取得相应的工作许可 2. 对于现场探伤作业，应提前了解，并告知工作组成员 3. 合理安排工作，保证与探伤工作分开，或者在探伤作业前及时撤离工作组成员

续表

序号	风险编码	四层风险名称	风险描述	常用应对措施
TS 调试风险 –01 调试安全风险 –02 调试作业危险源辨识与控制风险				
7	TS 010201	PGS 系统漏气风险	PGS 系统为氢气、氮气和二氧化碳气体系统，在调试过程中，极易出现漏气引爆、窒息中毒等事件的发生	1. 试验前做好风险分析和应急预案 2. 分析总结依托项目经验，提前关注和预判潜在漏气点，提前发现，提前处理
8	TS 010202	核岛地坑溢水风险	因隔离失误，导致试验期地坑溢水、跑水，设备漏油风险	1. 强化隔离实施相关知识的培训和推演演练 2. 隔离实施前明确隔离边界，充分做好风险应急预案分析
9	TS 010203	海水淹没循泵房危险	循泵房因为土建、施工、安装等原因，存在缺陷，导致进海水时发生水淹泵房的风险	1. 循泵房进海水前，应确保所有的土建工作和相关的设备安装工作已完成，所有孔洞已封堵 2. 应急措施应准备充分，包括正式排水泵可控或增加临时排水泵，保证出现泵房进水时，能够及时排出海水，保证设备安全 3. 进海水过程中，应安排人员严格检查循泵房内部情况，发现渗水或漏水及时汇报并处理 4. 应确保进水侧钢闸门的严密性试验合格后，方能进海水

续表

序号	风险编码	四层风险名称	风险描述	常用应对措施
10	TS 010204	仪控工控机感染病毒风险	工控机管理不当，使用不受控的外部存储介质等，导致现场工控机感染病毒	1. 编制仪控工控机防感染的管理规定 2. 严格控制相关人员权限 3. 对重要设备采取端口隔离手段
11	TS 010205	TOS系统闭锁信号错误风险	TOS系统保护相关试验时，错误闭锁送往其他系统的设备联动信号导致汽轮机跳闸试验时造成其他设备非预期动作风险	1. 所有软件的临时变更和参数修改必须严格按照"调试临时控制变更（TCA）管理规定"中仪控软件临时变更控制执行，并要求使用记录本进行记录，其中试验负责人、监护、运行多方联签 2. 逻辑闭锁或解除时，要按照逻辑图和I/O信号清册进行检查确认，检查时应仔细核对，逐步确认，防止有遗漏或错误 3. 工作过程中严格执行工作监护制度，执行人和验证人分工明确 4. 通过试验程序推演或模拟机验证的形式提前验证
12	TS 010206	调试各阶段PCM误触发风险	调试各阶段，涉及PCM操作的作业，造成就地设备误动作风险	1. 调试各阶段涉及PCM操作应在方案中规定PCM操作单流程，明确审批人、执行人 2. 加强对人员的培训，提高其技能

续表

序号	风险编码	四层风险名称	风险描述	常用应对措施
TS 调试风险 –01 调试安全风险 –03 调试危化品与化学品管理风险				
13	TS 010301	危化品与化学品运输、存储、使用风险	调试过程中要使用的刺激性、易燃、有毒、腐蚀性的化学品和危化品如果管理不善，在存储、运输、使用的过程中可能会造成人员伤亡和设备损坏	1. 完善危化品和化学品管理程序 2. 工作人员严格遵守相关规定，佩戴防护用具，保护人身安全 3. 在危化品和化学品存放、使用区域配备应急设备
TS 调试风险 –01 调试安全风险 –04 调试重大专项管理与实施风险				
14	TS 010401	水压试验组织风险	由于水压试验涉及单位较多，参与人员多，部门单位多，试验风险大	1. 编制相关组织方案，明确各方职责 2. 进行现场演练，提前发现存在的组织问题 3. 明确水压试验各风险防控责任方，水压试验前落实排查工作 4. 试验前开展模拟机演练 5. 试验前编制重大试验风险预案
15	TS 010402	大型汽轮机首次运行风险	首次采用大型汽轮机，在堆机匹配、汽机运行参数稳定方面存在风险	1. 组织对主汽轮机的培训，提高组内成员对新汽机的了解 2. 参考同机型电厂经验反馈，总结同行经验 3. 有条件的前往厂家进行交流学习，见证设备出厂试验 4. 开展模拟机演练 5. 试验前编制重大试验风险预案

续表

序号	风险编码	四层风险名称	风险描述	常用应对措施
16	TS 010403	旁排阀持续大幅振荡导致反应堆功率低于5%风险	蒸汽排放系统TAVG模式试验时，压力模式指令和温度模式指令偏差过大，使控制由压力模式切换至温度模式时产生较大阶跃，导致旁排阀持续大幅振荡，从而导致反应堆功率低于5%的风险	1. 试验前对运行人员进行风险交底，并对操作方法和风险应对措施进行充分沟通，按需形成正式操作文件 2. 在程序中明确规定C7强置为1前，需要运行调整，使压力模式指令和温度模式指令偏差范围≤2.5%（防止偏差过大，切换过程中造成较大振荡）
		TS调试风险−01调试安全风险−05调试工业安全风险		
17	TS 010501	临水作业期间溺水风险	循泵房或深水池附近作业，因防护措施不全，作业人员落入深水中造成溺水风险	1. 临水作业附近应设置防护栏，并增加安全警示标识 2. 临水作业附近增加救生圈等防护设施 3. 应建立工作隔离区域，禁止非工作组成员进入工作区
18	TS 010502	密闭空间作业人员窒息风险	在密闭空间作业时，空气氧含量不合格，监护不到位，造成人员伤亡的风险	1. 严格执行密闭空间监护制度 2. 进入密闭空间前，先测量氧含量，在作业过程中定期测量 3. 工作人员佩戴测氧仪，一旦仪表报警，马上停止作业，撤出密闭作业区
19	TS 010503	高温介质作业烫伤风险	高温介质管道未装保温层，或者高温介质泄漏，导致人员烫伤风险	1. 系统设备引入高温介质，应确保所有人员能接触的区域都有保温措施

续表

序号	风险编码	四层风险名称	风险描述	常用应对措施
19	TS010503	高温介质作业烫伤风险		2. 建立工作区域，禁止非法人员进入工作区 3. 增加安全警示标识，提醒人员高温危险 4. 编制专项预案，并进行事先演练 5. 安排专人进行巡检，发现泄漏及时汇报，由试验负责人决定后续处理措施
TS 调试风险 –01 调试安全风险 –06 调试消防安全风险				
20	TS010601	油类介质作业火灾风险	油类介质作业期间，因为油品泄漏等原因，造成火灾风险	1. 确保油类介质作业区域正式消防或者临时消防可用 2. 定期巡检系统设备，发现漏电及时汇报处理 3. 严格控制油类作业区域的动火作业，分析评估动火作业的危害性 4. 对作业人员开展消防器材和消防系统使用培训 5. 定期开展消防演练
TS 调试风险 –01 调试安全风险 –07 调试人员安全知识与技能不足风险				
21	TS010701	工作负责人超工单范围开展工作的风险	项目将有大量新进场人员开展现场工作，因不熟悉核电工作流程或安全意识淡薄等因素，存在潜在超工单范围开展工作的风险	1. 加强新进场人员入场、三级安全教育、基本安全授权、特种作业等安全知识培训，提升个人安全意识 2. 对核电工作流程和管理程序，进行定期考核和奖惩，提高个人工作边界感和"两个零容忍"原则教育

续表

序号	风险编码	四层风险名称	风险描述	常用应对措施

序号	风险编码	四层风险名称	风险描述	常用应对措施
TS 调试风险 –01 调试安全风险 –08 风险预案与应急管理				
22	TS 010801	机组正常运行时丧失最终冷源风险	海生物滋生导致机组正常运行时丧失最终冷源风险：1. 海生物滋生影响系统设备安全，腐蚀设备 2. 因洋流和季节影响，大批海生物聚集取水口，导致鼓网堵塞，机组失去冷源	1. 分析海生物大量繁殖季节，提前采取有效措施（打捞、加装拦污网等），避免海生物堵塞鼓网 2. 确保加药系统按时投运，或采用临时装置定期对海水相关系统进行加药，防止藻类、贝类等滋生、附着
TS 调试风险 –02 调试质量风险 –01 调试 QC 管理风险				
23	TS 020101	监督越点风险	调试试验期间，因质量意识淡薄，现场试验活动存在质量计划越点（H 点、W 点、R 点）潜在风险	1. 编制发布有效的质量计划，加强宣贯力度，严格按照执行，有针对性地制定奖惩制度并予以实施 2. 质控工程师紧跟现场进度，与工作负责人保持互动沟通，做好现场适时监督
24	TS 020102	单体调试质量失控的风险	1. 单体调试由建安分包商负责，考虑到分包商在安全质量意识、技术储备等方面不足，存在单体调试质量失控的风险 2. 仅通过选点和 TOP 移交包审查对单体调试进行控制，不利于对单体调试质量的控制	1. 组织召开单体调试管理专题讨论，对单体调试调整至分包商对相应管理流程的影响进行专题讨论，明确后续接口流程及管理职责 2. 结合系统的重要性，承包单位确定单体调试范围，制定系统单体调试试验项目清单，明确试验执行责任人及执行阶段

续表

序号	风险编码	四层风险名称	风险描述	常用应对措施
24	TS 020102	单体调试质量失控的风险	3. 单体调试调整由建安分包商负责, 对隔离边界、工作票申请等接口工作都产生较大影响	3. 制定《单体调试管控方案》, 对单体调试实施全过程控制, 如试验程序编制、试验过程见证、试验报告审查, 明确单体试验质量有效控制
25	TS 020103	系统遗留项未经审核直接关闭	为保证遗留项关闭率, 调试人员未现场确认实际完成情况直接关闭遗留项, 导致遗留项实际未完成, 造成系统调试安全、进度风险	1. 明确遗留项管理要求 2. 遗留项管理落实到人, 增加可追溯性
26	TS 020104	承包商单体调试方案不完善风险	调试方案不完善或造成单体调试无效或遗漏调试项	1. 检查其调试方案, 确保符合单体调试要求 2. 必要时对重要单体调试工作进行监督
27	TS 020105	保护 / 逻辑 / 定值设置错误或失效	1. 单体调试期间, 对照系统图纸对所有盘柜的端子接线进行严格的检查 2. 保护 / 逻辑 / 定值的修改必须严格执行审批手续 3. 做好临时变更的管理	1. 单体调试期间, 对照系统图纸对所有盘柜的端子接线进行严格的检查 2. 保护 / 逻辑 / 定值的修改必须严格执行审批手续 3. 做好临时变更的管理
TS 调试风险 -02 调试质量风险 -02 调试文件控制风险				
28	TS 020201	调试试验程序执行误改变机组状况风险	调试试验程序步骤错误, 导致按照试验程序执行时误改变机组状况	1. 调试文件编制时仔细考虑隔离条件的完整性、对接口系统的影响, 确保试验不影响机组运行

续表

序号	风险编码	四层风险名称	风险描述	常用应对措施
28	TS 020201	调试试验程序执行误改变机组状况风险		2. 严控调试文件编制审核批准流程 3. 加强人员技能培训,使人员熟悉仪控系统功能和逻辑 4. 严格使用防人因失误工具 5. 通过试验程序推演和模拟机演练的形式提前验证
29	TS 020202	调试执行、试验记录不满足管理要求风险	调试执行、试验记录填写不满足管理要求风险	1. 组织调试管理程序培训,试验记录校、审人员严格审查程序记录满足管理要求 2. 加强对工作负责人员的培训和管理程序宣贯
30	TS 020203	试验程序与设计变更、调试大纲中的试验方法和验证不一致风险	因试验程序编制质量问题(或非同一人升版编制,理解存在偏差),或因产生设计变更与调试大纲不匹配,或试验程序未使用最新版本等原因,导致试验程序与调试大纲中的试验方法和验证不一致风险	1. 针对试验程序可能出现的编制质量问题,发布前严格按照编审批流程做好质量审查和把关 2. 针对设计变更,完善设计变更的信息管理系统的流程管理。各系统工程师,明确自身责任意识,做好设计变更的沟通、跟踪、接收、匹配保存和现场文件及实体的匹配实施更改 3. 文控工程师,按照文件管理程序,针对最新版本试验程序,做好加盖生效章和及时分发工作。

续表

序号	风险编码	四层风险名称	风险描述	常用应对措施
30	TS 020203	试验程序与设计变更、调试大纲中的试验方法和验证不一致风险		系统工程师/工作负责人等参与试验相关人员开展工作前辨识工作包文件的版本和时效性
31	TS 020204	总体试验、物理试验程序编制质量不高风险	缺少相关试验实际参与经验，程序编审环节无法识别存在的问题，影响试验实施	1. 扩大程序审查范围，邀请相关专业人员参与审查 2. 组织对重要试验进行方案讨论、推演 3.编制风险预防实施方案
32	TS 020205	工作文件使用错误风险	试验期间使用错误版本的技术文件，导致试验失败的风险	1. 试验前注意检查文件版本 2. 加强对文件编制人员的培训和管理程序宣贯 3. 完善文件审核流程
33	TS 020206	试验程序引用的参考文件非最新版本	试验程序在使用过程中，未对参考文件版本进行核实，未对参考文件升版对试验执行的影响进行评估，导致试验失败或者重做的风险	1. 审查程序时，需要关注程序中的文件版本 2. 提高编制人员程序编写水平，加强培训 3. 调试期间定期翻阅文件版本，合适版本对调试试验产生积极的影响
34	TS 020207	调试程序编制质量不高风险	风险描述：试验程序编制深度不足或试验程序中出现较多文字错误、含糊描述、不正确试验方法等情况，无法顺利完成调试工作	1. 与设计保持联络，及时获取设计变更信息 2. 试验负责人在试验准备期间，应对试验程序进行复核，如有与现场工况不一致情况，及时与设计或厂家进行沟通协调

续表

序号	风险编码	四层风险名称	风险描述	常用应对措施
TS 调试风险 –02 调试质量风险 –03 调试防异物、成品保护管理风险				
35	TS 020301	电机卡涩或卡死	电机试验时，发生电机卡涩和卡死风险	1. 定期添加润滑油脂 2. 送电前手动盘轴检查 3. 监视电机运行温度
36	TS 020302	一／二回路关键设备或管道存有异物风险	在建安设备安装或单体调试期间，现场施工人员行为，存在一／二回路关键核级设备和管道被引入异物的风险	1. 编制调试期间防异物管理程序 2. 建安单体调试期间，调试提前介入现场异物防控监督 3. 对重要设备所在区域设立控制区，设立保安岗位
37	TS 020303	调试活动导致的异物引入风险	由于调试活动需要打开容器、系统、设备本体等，可能存在异物控制不到位问题，导致异物引入	1. 对使用工具进行绑扎处理，防止掉落 2. 对使用的试验工具进行前后数目清点 3. 严格执行防异物管理程序要求
38	TS 020304	流致振动探测仪表脱落风险	核电项目流致振动探测仪表试验前虽已根据程序布置点进行了固化／安装，但试验期间仍会有部分仪表脱落现象发生	1. 根据同行经验，总结分析，改进试验方案，减少仪表脱落 2. 优化安装方案，将同行电厂经验反馈落实到现场安装工作中
39	TS 020305	冬季调试系统和临措结冰的风险	在室外气温低于零度时，管道冲洗临时供水管道和临时排水管道在长期存水且无水流动时会产生结冰现象，致使冲洗无法进行	1. 在夜间温度降到零度以下之前确保核岛内通风系统供热已经投运，在没有正式封堵及房间门窗的地方做好临时措施，确保房间温度在 10℃ 以上

续表

序号	风险编码	四层风险名称	风险描述	常用应对措施
39	TS 020305	冬季调试系统和临措结冰的风险		2. 在临时管道上加装伴热和临时保温措施，确保室外管道不会结冰 3. 在夜间或长时间不使用的临时管道，对其进行排空处理
40	TS 020306	树脂泄露风险	设备和建安质量导致树脂泄露至系统中，造成系统水质恶化	1. 就该问题与施工部充分沟通，协调建安制定专项方案 2. 对建安单位加大宣传力度，建立设备保护管理制度
TS 调试风险 -02 调试质量风险 -04 由于行业相关标准或监管规定升版对调试活动造成的影响				
41	TS 020401	由于行业相关标准或监管规定升版对调试活动造成的影响	调试活动不仅涉及核安全，还包括化学、物理、电气、机械、仪控等多个行业，由于个别专业的标准变化，可能引起该专业调试活动的方法、验收标准等发生很大变化，如不及时掌握最新的信息，将会影响调试质量的控制和工程项目的进度，甚至违反法律法规	1. 及时跟踪并更新行业法律法规和技术标准 2. 与监管部门保持良好关系，保证信息渠道畅通 3. 如出现质量偏差，尽快采取补救措施，调整工作逻辑，将损失降到最低
TS 调试风险 -02 调试质量风险 -05 调试人因管理风险				
42	TS 020501	调试试验执行完毕后恢复不到位风险	调试执行完成后，系统和机组恢复不到位，可能使机组运行存在安全隐患	1. 调试文件编制时仔细考虑系统恢复的完整性 2. 严控调试文件编制审核批准流程

续表

序号	风险编码	四层风险名称	风险描述	常用应对措施
42	TS 020501	调试试验执行完毕后恢复不到位风险		3. 试验结束后对系统恢复和隔离恢复进行二次确认 4. 严格使用防人因失误工具 5. 通过试验程序推演和模拟机演练的形式提前验证
43	TS 020502	不正确的操作仪控设备导致设备损坏风险	使用调试工器具不当,设备操作不当,不遵守现场安全管理规定,等等,导致设备损坏	1. 进行人员工器具使用培训 2. 进行人员技能培训,使人员熟悉系统硬件参数和使用注意事项 3. 定期宣贯现场安全管理规定(如防异物要求),并在作业时严格执行 4. 进行备品备件统计和采买,防止设备损坏导致工期延期 5. 根据实际需求编制行为规范卡
44	TS 020503	堆芯仪表套管组件安装不当风险	堆芯仪表套管组件不正确的安装,造成组件损坏	1. 全面进行风险分析,确定安全可靠的技术方案 2. IIS 试验程序应明确该安装工作由装换料人员严格按照批准的方案进行 3. 安排调试人员见证,提前进行模拟演练

续表

序号	风险编码	四层风险名称	风险描述	常用应对措施
TS 调试风险 –02 调试质量风险 –06 同行电厂经验反馈落实风险				
45	TS 020601	试验造成机组扰动或者机组停堆停机风险	调试试验（例如瞬态试验、高加退出试验、给水泵跳泵试验等）造成机组状态扰动或者机组停堆停机的风险	1. 检查依托项目经验反馈的落实情况 2. 提前安排技术交底，提前进行模拟机演练
46	TS 020602	风险预控措施不具备操作性	试验风险预控措施不具备操作性，导致系统调试试验期间发生预期风险，不能很好地控制风险，导致人员伤害或者设备损坏	1. 加强风险预控措施方案的质量审查和把关 2. 参考依托项目经验反馈，落实依托项目中良好的风险管控措施 3. 审查风险预控措施，确定措施能够落实到人
TS 调试风险 –03 调试组织风险 –01 组织机构及职责划分风险				
47	TS 030101	调试隔离管理风险	隔离管理工作直接关系到调试的安全与质量，调试中心首次组建调试隔离办负责调试隔离管理工作，相关管理流程有待进一步检验明确，存在隔离办运作经验欠缺、隔离管理人员资质能力不足等的风险	1. 业主隔离信息管理系统的测试、跟踪建设和使用 2. 加强对隔离管理人员的培训和技能提升 3. 调研国内同行电厂的隔离经验，将经验反馈落实到项目 4. 完善信息管理系统功能，健全隔离管理组织机构及职能
48	TS 030102	单体调试范围职责不清风险	建安单位或调试对所负责的调试范围界限不明确，在界限划分方面会浪费较大的人力物力，	1. 双方应对承包合同中关于单体调试方面的责任内容进行宣贯及培训

核电工程项目风险管理手册

续表

序号	风险编码	四层风险名称	风险描述	常用应对措施
48	TS 030102	单体调试范围职责不清风险	拖延工程进展。与调试对合同中单体调试的范围及责任存在分歧，建安认为没有在合同里明确的单体试验不在其责任范围内，因此存在单体调试执行责任不清晰的风险	2. 如对界限划分不明确的情况，调试/建安应依据承包合同相关条约规定，明确责任 3. 持续推进建安合同谈判分歧项的解决，与建安分包商积极沟通，消除分歧意见 4. 形成最终的协调意见单，明确责任归属和闭环管理流程
49	TS 030103	维修接口职责不清晰风险	维修队与调试队内部及业主各部门接口责任不清晰，影响工作开展	1. 梳理维修职责与各部门接口 2. 在调试管理程序中明确维修队的职责和工作流程 3. 建立应急机制
50	TS 030104	移交遗留项未全部录入系统中进行跟踪	系统联检后的遗留项未全部录入系统中进行跟踪，存在漏项的风险	1. 建立遗留项清单，明确遗留项管理责任方和具体要求 2. 系统负责人提前对遗留项进行梳理，核实现场安装情况
51	TS 030105	单体调试质量失控的风险	当前建安施工方，就单体调试前准备工作，存在准备不足的可能，将导致制约调试进度的风险	项目部协调推动单体调试工作须提前做好各项工作准备，明确单体调试组织机构、运作模式和人机料法环准备方案

续表

序号	风险编码	四层风险名称	风险描述	常用应对措施
TS 调试风险 –03 调试组织风险 –02 调试人员培训与授权管理风险				
52	TS 030201	对核测信号的处理流程掌握不足风险	NIS 各量程探测器信号处理流程掌握不足影响试验程序的顺利开展和风险识别	1. 学习掌握核测信号流及核测处理器的设计功能描述 2. 与厂家和同行电站开展技术交流
53	TS 030202	对 PCM 的优先级逻辑和控制逻辑掌握不足风险	PCM 优先级逻辑和控制逻辑掌握不足	1. 与厂家沟通了解设备特性，取得相关详细的技术文件 2. 安排工作负责人进行培训，掌握设备控制逻辑及设备接口规范
54	TS 030203	对停堆和专设触发逻辑掌握不足风险	对 PMS 保护逻辑掌握不足，包括但不限于 RT 和 ESF 功能	1. 与厂家沟通了解设备特性，取得相关详细的技术文件 2. 安排工作负责人进行培训，掌握设备控制逻辑及设备接口规范
55	TS 030204	对 NuPAC 平台硬件及软件原理掌握不足风险	对 NuPAC 平台硬件设备工作原理、相关软件与组态使用方法掌握不足	1. 学习 NuPAC 硬件手册和平台教材 2. 联系厂家进行专项培训，提高调试人员技能 3. 必要时安排厂家提供技术支持
56	TS 030205	堆芯仪表系统调试操作不当致设备损坏风险	IIS 预运行试验期间操作不当导致损坏放大器卡件	1. 试验人员经过厂家或同行电站专业人员的交流与培训，通过演练掌握操作技巧 2. 完善试验程序，规范重难点操作步骤 3. 采购重要易损部件的备件

续表

序号	风险编码	四层风险名称	风险描述	常用应对措施
57	TS 030206	GLM 插拔操作不当导致卡件损坏风险	PMS 预运行试验期间不正确插拔 GLM 导致卡件的损坏	1. 试验人员经过相关专业的培训，经过演练并掌握测试技巧 2. 编写操作单，明确注意事项，严格按照操作步骤开展工作
58	TS 030207	某核电 PID 参数整定经验不足，导致自动控制功能不满足工艺系统需求风险	自动控制系统参数整定经验不足，会导致参数整定效果不理想，影响系统自动控制效果	1. 安排经验丰富的人员负责模拟量闭环调节试验的执行 2. 试验人员提前参加自动控制相关培训 3. 必要时安排厂家提供技术支持 4. 学习依托项目重要 PID 调整的经验反馈
59	TS 030208	PLS 机柜端接过程中烧毁通道保险	电缆回路校线或电缆端接过程中，操作方法不当，或者错误地使用了工器具，导致 DCS/PLC 烧毁通道保险	1. 规范单体调试程序中电缆回路校线、端接等操作步骤 2. 作业过程中严格遵守行业操作规定，根据需求编制行为规范卡 3. 定期开展培训，夯实专业素质
60	TS 030209	物理试验人员技能不足风险	物理试验板块岗位当前配置人数不足，部分人员未担任过物理试验负责人，缺少物理试验组织实施经验，造成试验实施风险不可控	1. 提前确定试验负责人，提前开始研读程序 2. 寻求外部支持，邀请外部专家指导 3. 有计划地组织人员到其他电厂学习，包括核电厂首次启动，换料再启动以及堆芯日常监督等

续表

序号	风险编码	四层风险名称	风险描述	常用应对措施
61	TS 030210	专业技术应用能力欠缺风险	堆芯在线监测系统 SOMPAS 释放的使用文件较少，人员对 SOMPAS 缺乏了解	1. 争取与物理试验配备 SOMPAS 系统并进行培训 2. 必要时安排厂家提供技术支持
62	TS 030211	外委试验委托单位资质不足风险	首堆首三堆、安全壳泄漏率试验、役前检查等试验需要外委第三方实施，寻找具有相应行业丰富经验的实施单位时，须谨慎识别其相应资质真伪	1. 市场调研，充分了解其近十年行业业绩记录 2. 进行公开招标，多方对比，选择最优实施单位 3. 调研依托项目调试经验，并组织外部专家给予支持
63	TS 030212	单体调试分包商资质不足风险	调试分包商人员不满足单体调试资质，影响单体调试的质量	1. 严格进行分包商资质审查，并形成检查报告 2. 开展市场调研，充分了解行业业绩
64	TS 030213	维修人员技能不足	维修队人员维修技能不足，无法及时处理调试缺陷消除工作	1. 明确岗位技能要求，提升人力选聘要求 2. 开展培训，按技能水平授权
65	TS 030214	外部人员支持风险	常规岛计划引入外部电厂调试人员支持调试，人员管理上存在风险	1. 建立分包商管理制度，明确分包商管理责任划分及要求 2. 对于单独作业的分包商开展培训，授权合格后方能独自开展相应工作

续表

序号	风险 编码	四层风险 名称	风险描述	常用 应对措施
**TS 调试风险 -03 调试组织风险 -03 人员配置及到岗风险**
66	TS 030301	外委试验 委托单位 人力配置 不足风险	委托试验实施期间，外委单位委派人力不足，技能水平不足，组织配置不合理，导致试验延期，或试验失败率偏高，厂家支持人员无法按照调试需求时间及时到厂，影响调试进度	1. 编制有效的分包商管控/监管方案，或管理程序 2. 利用合同任务边界，加强对外委单位的监督管控和奖惩 3. 系统负责人根据现场进展，密切关注厂家服务需求窗口 4. 提前与厂家支持人员沟通协调，保证不影响现场进度
67	TS 030302	调试人员 工作安排 不合理， 人员疲惫 风险	调试高峰期，调试人员工作安排不合理，导致调试人员执行工作期间疲惫，会造成系统设备误操作的风险	1. 合理安排工作计划和人员配置 2. 试验组成员相互检查精神状态 3. 做好后勤保障，保证调试人员饮食和休息质量
68	TS 030303	调试人员 配备不足	常规岛现有调试人员配备不足，无法满足系统调试高峰期人力需求	1. 合理分析调试工作需求，制订人员需求计划 2. 根据岗位需求，通过外部招聘、借调等方式满足人员需求
69	TS 030304	维修队伍 人力不足	维修队尚未建立，可能存在调试阶段人力不满足维修工作需求风险	1.编制维修队组建方案，编制人力到岗计划 2. 跟踪人力到岗情况

续表

序号	风险编码	四层风险名称	风险描述	常用应对措施
70	TS 030305	试验值班人员配置不足	具备试验值班资质人员数量不足，不能满足热试、启动试验阶段倒班需求	1. 提前制定倒班方案，明确人力及技能需求 2. 提前开展倒班人员技能培训 3. 编制应急方案
71	TS 030306	调试隔离办人力不足无法满足要求风险	调试高峰期隔离办人力无法及时响应现场出现的状况	1. 协调外部支持人员 2. 加强自身能力建设，进行人才培养 3. 总体试验和隔离人员相互支持
72	TS 030307	调试人员储备不足对调试进度和质量影响的风险	根据工程调试人力需求分析，调试人员储备与调试高峰期人员需求存在差距	1. 根据调试人力动力动员计划和岗位设置，匹配人员资质，落实人员来源及培训授权安排 2. 督促调试管理方协调人力，通过招聘、借调等方式保障人员需求
TS 调试风险 −03 调试组织风险 −04 调试接口管理风险				
73	TS 030401	移交前系统设备正式标牌挂设滞后风险	根据综合检修厂房设备标牌挂设的经验反馈，进入调试移交阶段，本项目将存在大量的设备标牌需建安方编码并现场挂设，此项工作暂未达成一致意见，后续将对调试进度产生较大的影响	进入调试移交阶段前，须与标牌挂设的相关建安方、业主协商讨论，达成一致意见

续表

序号	风险编码	四层风险名称	风险描述	常用应对措施
74	TS 030402	TOP/TOB移交文件审查延误制约调试进度风险	根据综合检修厂房系统移交前TOP/TOB文件审查滞后的经验反馈，后续进入调试移交阶段，随着系统移交工作量的加大，参建各方协调难度提升，TOP/TOB移交文件审查延误存在潜在制约调试进度的风险	为促进TOP/TOB移交文件审查/移交工作的高效开展，须梳理后续TOP/TOB移交文件审查/移交协作配合模式，明确牵头组织方，并规定奖惩责任，合理并有针对性地升版相关管理程序规定
75	TS 030403	调试实施期间，由建安方服务/支持的相关工作，沟通配合、协调不畅风险	调试实施期间，因与建安分包商没有直接的合同关系，由建安方服务/支持的相关工作，存在潜在的沟通配合/协调不畅风险，从而对调试进度造成影响	进入调试实施阶段前，须与相关建安分包商协商沟通，达成一致意见
76	TS 030404	设计变更、RFI等传递不及时	审批流程中卡在某一节点造成文件传递不及时	1. 明确审批流程最长处理时间要求 2. 安排专人跟踪技术问题流程，及时处理停滞流程 3. 流程各节点设置A/B角，避免休假、出差等原因造成流程不畅通
77	TS 030405	调试信息管理系统中隔离接口开发滞后风险	调试工单与业主隔离模块建立接口关系存在响应不及时等风险	1. 尽早确定接口技术需求，提交数字化工程所 2. 催促数字化工程所确定工作量，尽早签订开发合同

续表

序号	风险编码	四层风险名称	风险描述	常用应对措施
77	TS 030405	调试信息管理系统中隔离接口开发滞后风险		3. 向调试中心领导反馈存在困难,协调资源解决 4. 跟踪问题解决进展情况,协调其中出现的新问题
78	TS 030406	调试与设计沟通问题风险	调试与设计沟通不畅将影响调试进度和调试质量	1. 设计单位应及时响应调试现场澄清需求 2. 完善调试与设计单位沟通管理流程
79	TS 030407	建安移交工作组织协调风险	根据依托项目经验,建安向调试移交阶段,因参建单位多,各家单位工程施工进度不统一,需求诉求和冲突点较多,移交工作组织协调沟通难度较大,存在系统移交拖期风险	1. 模拟真实场景,推演演练,及时发现潜在疑点和难点 2. 有针对性地编制移交进度管控方案,或管理规定 3. 完善优化建安移交组织和移交管理制度,以期弱化协调工作量和难度
80	TS 030408	移交组织不充分,检查人员不全	联检通知发出时间太晚,未及时通知到各需要参加联检的人员	1. 建立完善的联检通知渠道,明确联检时间、人员需求等 2. 完善相关管理程序,明确职责分工及主要工作
81	TS 030409	设计/技术类文件发生变更后存档及遗漏丢失风险	设计/技术类变更申请审批,走线下流程,签发后的文件存档及传递过程中存在遗漏、丢失风险	1. 建议在调试信息管理系统中走线上流程编审批、存档 2. 安排专人进行管理

续表

序号	风险编码	四层风险名称	风险描述	常用应对措施
TS 调试风险 –03 调试组织风险 –05 调试规章制度管理风险				
82	TS 030501	系统移交后设备运维不足风险	系统移交前无设备运维记录或运维记录信息不准确/不真实,导致系统移交后设备运维不足风险	1. 针对须严格运维的设备,系统移交前,系统工程师做好与建安施工方接口和过程监督检查 2. 编制调试期间设备维护和保养管理程序,调试期间严格按照管理程序实施设备的维护和保养
83	TS 030502	管理体系风险	总包方调试管理体系频繁升版,尚有部分程序未完成转化,存在程序遗漏风险	1. 升版发布质保大纲(调试阶段) 2. 优化相关管理程序,确保程序体系上下游一致
TS 调试风险 –04 调试进度风险 –01 调试计划管理风险				
84	TS 040101	上下游计划不匹配风险	在编制调试三级计划期间,部分系统的移交时间,与施工承包商方最终未达成一致意见,存在上下游计划不匹配风险	在后续升版调试三级计划时,根据现场实际进度,在项控部统一组织下须继续与建安承包商沟通协商,以期达成一致成果。
85	TS 040102	调试期间停水/停电/停气窗口安排较多的风险	调试期间,若系统二类遗留项较多,将导致与建安方交叉作业增多,同时须安排更多停水/停电/停气窗口执行建安消缺工作,最终产生制约调试进度的风险	1. 系统移交时,力争避免二类遗留项较多的情况下移交调试 2. 梳理项目电气/除盐水/压空上/下游接口开关和用户设备清单,编制停水/停电/停气实施管理程序,以支持

续表

序号	风险编码	四层风险名称	风险描述	常用应对措施
85	TS 040102	调试期间停水/停电/停气窗口安排较多的风险		高效开展停水/停电/停气窗口安排时风险分析和隔离梳理/实施工作
86	TS 040103	P6软件给定权限不足风险	P6软件无数据导入导出权限，计划编制过程中只能手工逐条输入，编制报告时手工复制粘贴至Excel文件中，影响计划编制效率	1. 走内网IT权限申请，申请相关权限 2. 如有违背公司保密要求，与总包单位沟通，争取落实渠道
87	TS 040104	调试信息管理系统计划板块功能不可用风险	调试信息管理系统计划板块功能最终未完成测试，与P6软件未做好衔接，不能同步更新、排程数据，将导致调试实施阶段不能高效执行工单三日滚动计划编制/调整工作	1. 与IT售后服务厂家沟通，协调厂家人员到场调试测试 2. 待厂家测试完成后，由计划人员参与模拟推演，以达到预期的使用效果
88	TS 040105	堆芯仪表系统调试窗口、人员安排不当风险	IIS临界前校验调试试验窗口、人员安排不当，制约后续预运行试验执行	临界前堆芯仪表通道校验和IITA端接是由不同部门人员完成，提前与调试计划讨论并形成书面文件，或固化到程序中，合理安排组织人员开展作业
89	TS 040106	仪控平台软件升级风险	DCS软件升级过程中，风险分析不到位，隔离措施不完善，引起设备误动；软件升级后，造成升级范围外的画面与逻辑组态变动，对工艺系统试验造成影响	1. 针对软件升级，制定应对措施，缓解升级对现场的影响 2. 将软件升级纳入日常计划，提前梳理更改需求，尽可能减少升级次数

续表

序号	风险编码	四层风险名称	风险描述	常用应对措施
89	TS 040106	仪控平台软件升级风险		3. 软件升级开始前，通知各负责人共同评估风险，提前做好预防措施，保证人员设备安全
	TS 调试风险 –04 调试进度风险 –02 设计制约及改进项处理滞后风险
90	TS 040201	重大设计变更或缺陷问题处理对调试造成的延期成本风险	依托项目 ADS–4 振动、CA31 中子屏蔽盒更换、PV02/PV03 阀门更换、PXS/RNS 三通更换等进行缺陷问题处理，导致调试关键路径拖期约 7 个月	1. 消化吸收依托项目经验，避免同类问题在项目重复出现 2. 与设计人员积极沟通，寻找有效处理方案 3. 梳理对调试工作的影响，优化主线逻辑，同时反馈到设计、采购、建安各板块，调整相应工作，尽可能降低主线滞后影响
91	TS 040202	设计变更/缺陷管理管控不足风险	随着调试阶段的逐步深入，涉及的设计变更和缺陷问题也逐渐累积，设计变更/缺陷管理存在潜在的管控不足风险，从而影响调试的质量和安全	为促进设计变更/缺陷问题的高效管理，须编制设计变更/缺陷问题管理流程管理程序，并明确牵头组织部门进行跟踪维护
92	TS 040203	上游设计文件发布滞后风险	上游设计文件发布滞后，导致调试技术文件无法按照规定时间完成编制及发布	1. 编制调试队技术文件发布计划 2. 加强与设计所沟通，提前提出上游文件出版需求
93	TS 040204	上游设计文件升版不及时风险	设计文件升版间隔较长	积极加强与设计方的沟通机制，及时反馈设计文件的错误，督促设计方及时更新设计文件（M3. M6. T1 等）

续表

序号	风险编码	四层风险名称	风险描述	常用应对措施
94	TS 040205	PXS 系统 ADS123 级排放试验缺少设计支撑材料，增加试验不合格风险	ADS123 级排放试验管道震动、ADS123 级设备的可靠性制约试验	1. 设计提前介入，针对该试验执行期间管道震动情况进行预测，并通过仿真和应力分析等手段完成试验执行过程中的预期情况，辨识试验执行期间管道震动较大的风险点，并基于设计的分析制定相应的应对措施 2. 采购部门提前介入，ADS123 级阀门的性能直接制约试验执行的成败，因此设备采购阶段，ADS123 级设备的性能及应用工况，采购部门应提前与制造厂进行沟通确认，在有条件的情况下要求 ADS123 级设备进行同等条件与工况下的出厂试验 3. 调试提前就试验执行程序和风险进行辨识，对试验执行工况参数、测点等进行合理选择，并与设计共同确认
TS 调试风险 –04 调试进度风险 –03 采购及设备缺陷处理风险				
95	TS 040301	DCS 相关设备供货滞后影响调试的风险	DCS 相关设备不能及时供货，制约系统 TOP 移交，调试工期压缩，存在不能满足支持倒送电功能的风险	1. 根据 DCS 相关设备到货情况采取临时措施，支持系统调试 2. 梳理对调试工作的影响，适时对调试计划调整 3. 安排人员驻厂监造，参与测试工作

核电工程项目风险管理手册

续表

序号	风险编码	四层风险名称	风险描述	常用应对措施
96	TS 040302	厂家系统设备资料未及时提供，升版或提出澄清风险	厂家未根据现场实际情况，及时提供、升版系统设备资料或者未及时提出澄清，导致系统调试进度缓慢	1. 按照现场进度，及时向厂家提出文件需求计划 2. 定期跟踪厂家资料出版进度 3. 通过采购部门与厂家及时沟通技术澄清进展，加大督促力度，必要时提交协调会推动
97	TS 040303	系统电机及泵设备振动风险	依托项目调试期间，核岛/常规岛较多设备（如 CCS、CVS、LOS 系统电机或泵振动、汽轮机轴瓦等）振动，项目存在此类潜在风险	1. 设备监造期间，做好巡查，避免设备自身问题造成的振动问题 2. 单体调试期间，建安移交调试前，应由建安方协调处理解决设备振动问题
98	TS 040304	常规岛/核岛阀门、管道设备泄漏风险	依托项目调试试验期间，核岛/常规岛较多阀门/管道出现泄漏，项目存在此类潜在风险	1. 梳理依托项目泄漏物项处理的经验反馈 2. 针对依托项目四台机组共性泄漏问题，进行原因分析和总结，做出应对和改进措施
99	TS 040305	TOS 关键仪控设备故障处理不及时风险	主汽轮机 LVDT、私服卡等关键设备故障处理不及时，使仪控试验推迟，甚至影响主线风险	1. 仔细梳理 TOS 系统仪控关键设备备件情况，确保调试备件数量满足调试需求 2. 关键设备调试前，提前通知供应商代表到厂技术支持，及时配合现场调试进度

254

续表

序号	风险编码	四层风险名称	风险描述	常用应对措施
99	TS 040305	TOS 关键仪控设备故障处理不及时风险		3. 参加厂家调试培训，以熟悉系统 / 设备性能情况 4. 梳理依托项目调试发现的设备制造缺陷，采购组织落实相关经验反馈 5. 制定调试缺陷处理机制，确保设备缺陷及时、高效处理
TS 调试风险 –04 调试进度风险 –04 系统移交及消缺滞后风险				
100	TS 040401	TOP 文件包移交滞后风险	TOP 包移交进度推迟，造成后续计划推迟风险	1. 加强前期单体试验跟踪 2. 优化后续试验流程 3. 关注遗留项的处理进展，形成遗留项台账，及时反馈重要与困难项目
101	TS 040402	移交一 / 二类遗留项消缺滞后制约调试进度风险	根据综合检修厂房一 / 二类遗留项消缺滞后的经验反馈，后续进入调试移交阶段，随着系统移交工作量的加大，参建各方协调难度提升，一 / 二类遗留项消缺滞后存在潜在制约调试进度的风险	1. 完善缺陷管理流程，定期跟踪消缺进展 2. 与施工管理接口部门建立良好的沟通渠道 3. 缺陷制约主线进度时，及时与建安部门沟通，多方面推动消缺进度
102	TS 040403	CAS 空压机没有正式冷却水源的进度风险	CCS 系统移交时间比 CAS 移交时间滞后 5 个月，加上 CCS 的调试时间，CAS 将没有正式冷却水可用	1. 采用临时水源或成套的临时冷却系统 2. 与建安单位提前沟通，督促其赶工

续表

序号	风险编码	四层风险名称	风险描述	常用应对措施
103	TS 040404	核岛送冷风延误风险	核岛送冷风延误,电气设备间(特别是蓄电池间)将采取大量通风临时措施(以下简称"临措"),影响人员办公和设备的正常运行	1. 采购临时风机(包括防爆型风机)、除湿机和空调设备作为临时通风措施 2. 核岛暖通须关注 VBS 和部分 VXS 等对人员办公和设备运行影响较大的移交包的移交进度
104	TS 040405	部分系统移交滞后影响其他系统的调试风险	部分系统移交滞后影响其他系统的调试,导致下游其他系统调试工作无法按时开展	1. 根据现场工程进展,梳理系统移交逻辑顺序,持续优化系统移交计划 2. 建立进度滞后预警反馈制度,根据滞后程度分级管理 3. 系统工程师根据工程实际进展,灵活调整试验顺序
105	TS 040406	通风系统负压(或正压)试验滞后影响系统移交和设备保养风险	受制于建安施工和调试进展,通风系统往往调试开始时间很早,但由于部分试验项目的制约,系统移交时间严重滞后,同时可能影响设备保养问题	1. 系统具备 TOM 移交条件时,及时推动 TOM 移交工作,将设备保养交给专业的维修人员 2. 合理安排试验计划
106	TS 040407	冷源不足,导致系统调试进度滞后风险	海工进度滞后,导致系统调试所需除盐水、工业水等不具备条件,造成系统设备调试进度滞后风险	1. 根据调试逻辑,分析水源需求计划 2. 分析跟踪施工进度,提前分析策划水源不足临措 3. 编制水源不足专项应对方案

续表

序号	风险编码	四层风险名称	风险描述	常用应对措施
107	TS 040408	堆芯仪表系统相关设备安装滞后风险	由于遗留项处理滞后导致 IIS 相关设备安装滞后风险	关注遗留项的处理进展，形成遗留项台账，及时反馈重要与困难项目
108	TS 040409	堆外核仪表系统相关设备安装滞后风险	NIS 相关设备安装滞后风险	根据设备安装的进度合理安排系统调试准备工作
109	TS 040410	IITA 电气检查记录提交滞后风险	IITA 电气检查数据提供滞后风险	跟踪并催促建安人员及时进行 IITA 电气检查，由调试人员见证
110	TS 040411	正式通风空调系统不可用的风险	正式通风系统不可用，无法满足设备和人员对现场环境的需求	1. 根据项目进展，优化通风系统的移交需求，以满足相关房间的通风需求 2. 针对存在风险的房间，制定通风临措方案，并安排人力定期巡检，发现异常及时处理
111	TS 040412	主控室不可用风险	主控室早期不可用风险。根据1.2号机组里程碑节点设置，主控室可用不满足早期220KV倒送电及常规岛 CWS/TCS 等工艺系统早期调试	1. 研究支持早期倒送电相关临措的可行性，确定相关临措 2. 设立重要里程碑节点专项组，组织专人推进节点相关工作进展 3. 及时与建安部门沟通，多方面推动消缺进度

续表

序号	风险编码	四层风险名称	风险描述	常用应对措施
112	TS 040413	建安移交滞后造成新增调试临措的风险	对于建安移交滞后和尾项造成的新增临措，由于责任归属还未定，可能影响后续调试工作正常开展	1. 及时与建安部门沟通，多方面推动安装进展 2. 尽快与项目部和建安承包商确定临措提供的责任方 3. 将该项风险反馈到其他系统和后续机组，尽可能避免类似情况再次出现
TS 调试风险 -04 调试进度风险 -05 外部环境影响风险				
113	TS 040501	厂用水不可用风险	由于用海申请未批导致厂用水不可用风险	1. 采用临时冷却方案 2. 优化调试逻辑，减少厂用水不可用对调试工期的影响
114	TS 040502	除盐水可用滞后的风险	WDS 没有水源，导致没有淡水产出，DTS 无法产出除盐水	1. 跟踪项目部海工进展 2. 梳理对调试工作的影响 3. 根据需求分析评估外购除盐水的必要性和可行性，并尽快确定执行方案
TS 调试风险 -04 调试进度风险 -06 监管部门制约风险				
115	TS 040601	核安全局、监督站等在重要节点释放较缓慢的风险	核安全局、监督站对冷试、装料等重要节点准备工作检查流程较为烦琐，问题整改及节点释放流程不可控，可能会导致主线进度延后	1. 对冷试、装料等重要节点检查做好准备工作 2. 与核安全局、监督站等监管部门提前做好沟通 3. 对提出的问题尽快处理，并对整改情况向监管部门及时汇报

续表

序号	风险编码	四层风险名称	风险描述	常用应对措施
TS 调试风险 –05 调试技术准备风险 –01 风险设计变更风险				
116	TS 050101	试验程序编制过程中未考虑设计变更的风险	部分设计变更可能对试验执行和结果验收有影响，但是在试验程序编制过程中未及时考虑，导致试验结果失败或者试验重做的风险	1. 设计变更设专人进行接口，整理各系统变更并发送系统负责人，评估对调试试验、进度的影响 2. 跟变更情况及时进行程序升版
117	TS 050102	设计变更后调试验证不足风险	现场按照设计变更后的要求开展调试工作，存在验证不足的风险	1. 分析试验方法或试验过程是否存在问题 2. 与设计方沟通，梳理具体原因
118	TS 050103	PXS 系统安注管线流阻试验不合格	PXS 系统安注管线设计改动较大，且属于首堆项目，因此试验存在较大的失败风险	1. 调试全程跟踪系统设备施工安装过程进度及质量，提前熟悉了解系统管道布置结构，合理修改系统试验程序，并与设计评估试验执行技术参数情况，提前辨识试验存在的风险点 2. 改进试验措施，通过优化改进设计专属的系统试验临措，减少试验准备过程工期，有效缩短试验整体工期
119	TS 050104	蒸汽排放控制系统控制参数不匹配，需要变更风险	蒸汽排放控制系统控制参数不匹配，在执行蒸汽排放控制系统试验或后续的瞬态试验时，旁排阀可能存在持续发散现象，导致一回路温度下降过快	1. 试验前在模拟机仿真演练 2. 在每个瞬态试验平台做好蒸汽排放相关数据采集，并将相关数据发设计院审查，分析确定蒸汽排放参数是否满足系统要求

续表

序号	风险编码	四层风险名称	风险描述	常用应对措施
119	TS 050104	蒸汽排放控制系统控制参数不匹配，需要变更风险		3. 与设计人员积极沟通协调，要求其提供有力支持和技术保障
TS 调试风险-05 调试技术准备风险-02 新设备、新工艺风险（首堆）				
120	TS 050201	汽轮机主汽调节阀单体试验方法不正确风险	汽轮机主汽调节阀试验方法与依托项目不同，试验方法错误会导致阀门调整后不满足要求	1. 仔细研读厂家说明书，编写详细阀门调整试验方案 2. 派人参加厂家出厂测试 3. 阀门调试前通知厂家技术人员到厂技术支持
121	TS 050202	NuPAC 平台设备首次应用风险	由于 NuPAC 平台设备是首次项目应用，在后续调试期间存在遇到较多非预期问题的风险	1. 安排人员提前介入工厂测试，参与设计验证，熟悉设计文件，熟悉平台设备使用方法 2. 调试期间要求厂家派人参与并及时向工厂反馈现场存在的问题 3. 形成正式管理流程，规范调试期间同厂家或设计院的问题流程往来并形成台账
122	TS 050203	PMS 预运行试验响应时间测试小车国产化设备首次应用风险	测试小车研发，调试人员未使用过，可能存在影响预运行试验执行的风险	1. 安排人员参与测试设备功能的试验见证，熟悉设备的设计功能和使用方法，并进行可用性评估 2. 邀请厂家进行技能培训与到厂技术支持

续表

序号	风险编码	四层风险名称	风险描述	常用应对措施
123	TS 050204	国产化爆破阀测试工具首次应用风险	国产化爆破阀测试工具首次应用，可能会影响爆破阀试验	1. 安排人员进行测试工具开发见证，审查测试工具的试验报告 2. 邀请厂家进行技能培训
124	TS 050205	NuCON新系统应用经验不足	NuCON系统首次国内开发投用，缺乏应用经验，增加了调试难度，对调试人员技术准备、试验程序编制等提出了更高的要求	1. 有计划地安排相关调试人员参与工厂测试，并组织人员赴厂培训 2. 派遣调试人员参加出厂测试工作 3. 调试期间要求厂家派人参与并及时向工厂反馈现场存在的问题
125	TS 050206	棒控棒位系统首次国内开发投用新设备应用经验不足风险	棒控棒位系统首次国内开发投用，缺乏应用经验，增加了调试难度，对调试人员技术准备、试验程序编制等提出了更高的要求	1. 有计划地安排相关调试人员参与工厂测试，并组织人员赴厂培训 2. 派遣调试人员参加出厂测试工作 3. 调试期间要求厂家派人参与并及时向工厂反馈现场存在的问题
126	TS 050207	湿绕组主泵首次启动试验风险	采用湿绕组主泵及国产屏蔽泵带来的调试风险	1. 调试人员参与主泵厂家制造试验，提前熟悉设备性能 2. 研读厂家运维手册、试验报告等技术文件，充分熟悉主泵调试技术难点与风险点 3. 制定相应预防措施，保证主泵顺利完成调试项目

续表

序号	风险编码	四层风险名称	风险描述	常用应对措施
127	TS 050208	DCS系统首次国内开发调试使用的风险	1. DCS系统国内首次开发投用，缺乏应用经验，增加了调试难度，对调试人员技术准备、试验程序编制等提出了更高的要求 2. DCS开发后首次投用，可靠性未经过实际应用验证，若出现卡件故障率高、软件运行不畅，通讯中断、易受电磁干扰等情况，将会影响调试进度	1. 制订程序编制计划，并利用厂家资源对程序编制质量进行检验 2. 审查测试文件，参与DCS系统出厂相关（包括软、硬件和系统功能）测试，评估测试结果，保证系统设备出厂质量 3. 制定故障处理应对措施，确保出现故障后高效处理和解决 4. 采购部门协调生产厂商委派高级技术人员长期驻厂以快速解决或协调解决可能发生的设备问题
128	TS 050209	"六新"对调试的影响	系统设计变化和设备供货商变化，引起调试方案的改变，新的试验方案存在试验结果与预期产生偏差的风险	1. 评估设计、采购差异性对调试的影响 2. 对620份试验程序匹配编制差异性分析报告，并将对调试有影响的分析结果在试验程序中做相应修改
129	TS 050210	220KV首次涉网试验风险	项目首次进行涉网试验，试验执行阶段存在与电网沟通不畅风险	1. 成立专项组织机构，纳入电网等相关人员，充分调动各方资源 2. 试验开始前进行演练，识别消除风险点
130	TS 050211	EDS系统并联蓄电池组首次应用和试验	EDS系统蓄电池数量和容量均翻倍，需要使用新的容量测试设备，且试验风险相应增加	1. 开发专用蓄电池容量测试设备，并对设备进行测试 2. 优化试验程序，降低试验风险

序号	风险编码	四层风险名称	风险描述	常用应对措施
TS 调试风险 –05 调试技术准备风险 –03 技术方案可靠性风险				
131	TS 050301	首堆首三堆试验风险	根据设计要求首堆试验7项，首三堆试验2项。某核电与依托项目设计和设备供货存在一定差异，导致试验失败	成立专项小组，充分借鉴依托项目首堆/首三堆试验的经验，并结合设计特点及技术参数，开展差异性分析，形成首堆/首三堆试验风险评估及落实报告
132	TS 050302	主泵变频器调试的风险	主泵变频器首次应用，缺乏应用经验，存在调试准备不足风险	1. 全程参与主泵及变频器的厂家调试 2. 安排厂家对调试人员进行培训 3. 邀请外部专家对技术方案进行审核 4. 联系厂家提供现场技术服务
133	TS 050303	堆芯仪表电缆回路性能不满足设计要求的风险	由于调试方法不当导致电缆回路性能参数验证不到位	1. IIS 试验程序增加堆芯仪表回路检查 2. IIS 试验程序应明确该端接工作由装换料人员严格按照批准的方案进行，调试人员见证，必要时需要模拟演练 3. 安全壳打压之前，应分析 IIS 机柜内不能承压的模块，按照系统运维手册将其拆下，移至岛外，安全存放

续表

序号	风险编码	四层风险名称	风险描述	常用应对措施
134	TS 050304	调试临时措施方案失效风险	调试临时措施方案及临时措施安装不符合试验需求，导致试验失败或试验数据失真风险	1. 复杂调试临时措施编制临措方案 2. 进行调试临时措施安装交底 3. 现场验收调试临时措施安装质量
135	TS 050305	油系统冲洗时间过长，导致系统调试进度滞后风险	油系统冲洗方式不高效，花费时间太长，导致系统调试进度滞后风险	1. 审查施工单位的冲洗方案，提出改进建议 2. 定期巡视，加强对系统冲洗进度的控制 3. 合理安排工期，减少系统不可用风险
\multicolumn{5}{c}{**TS 调试风险 –05 调试技术准备风险 –04 调试物资管理风险**}
136	TS 050401	备品备件不足，导致系统调试进度滞后风险	因前期准备不足，导致系统设备缺陷时无可用备品备件，造成调试进度滞后风险	1. 提前梳理备品备件清单，明确备品备件需求 2. 策划备品备件需求计划，发起采购申请 3.建立紧急备件采购流程 4.明确备品备件各方职责
137	TS 050402	工器具采购进度缓慢	特殊工器具采购进度缓慢，影响调试进度	1. 提前梳理工器具需求计划，编制采购计划 2. 建立紧急采购流程，缩短采购时间 3.建立工器具调用机制 4.建立工器具检验机制
138	TS 050403	工器具过程管理经验不足风险	1. 电气调试物资／工器具采购、保管缺少系统性、详细性规划	1.指定专人进行工器具、物资管理，专人负责工器具存储、送检、保养工作

续表

序号	风险编码	四层风险名称	风险描述	常用应对措施
138	TS 050403	工器具过程管理经验不足风险	2. 专业内未配置相应的工器具管理/接口人员 3. 专业工器具管理经验不足	2. 根据工程调试物资准备专项方案，结合依托项目及同行电站电气工器具使用情况，梳理工程电气工器具、物资清单，支持开展相关采购工作 3. 建立工器具使用及回收保养、送检制度 4. 试验准备期间，提前对所使用工器具进行检查，确保顺利完成调试工作
139	TS 050404	易耗品、备品备件过程管理经验不足风险	调试易耗品、备品备件由于正常/非正常损耗，数量/质量无法继续满足使用需求	1. 建立易耗品、备品备件管理方案，对易耗品建立有效管理 2. 建立易耗品、备品备件通畅的采购渠道，确保能够顺利补充 3. 试验准备期间，试验负责人提前对所使用易耗品、备品备件进行检查，确保顺利完成调试工作
140	TS 050405	临措管理风险	对于系统试验过程中存在或安装的临措，可能存在闭环管理失效的风险	1. 完善临措管理电子流程，有完整的安装、拆除验证（如可考虑拍摄检查照片等措施） 2. 强化系统负责人的责任意识，对于系统中存在或安装超过一定时间的临时措施，必须做到全部录入线上系统

续表

序号	风险编码	四层风险名称	风险描述	常用应对措施
141	TS 050406	工器具使用错误风险	工器具超期未检，精度不满足试验需求或者使用错误的工器具，导致试验失败的风险	1. 提前检查工器具参数是否满足试验要求，检查校验日期 2. 建立调试工器具校验台账，定期对设备进行检查和校验
142	TS 050407	调试期间临措管理不到位风险	调试期间临措管理存在漏统计、未跟踪等风险，导致临措管理失效风险	1. 管理层面确保临措的闭环控制 2. 系统工程师现场检查临措安装和拆除
143	TS 050408	爆破阀点火回路测试装置配置不足风险	爆破阀点火回路测试需要专用工器具，缺少配置将影响调试进度	1. 提前梳理工器具需求计划，编制采购计划 2. 调试准备阶段跟踪特殊工器具的供货进度
144	TS 050409	现场紧急需求物资不充分风险	无法满足现场对设备备件与耗材的紧急使用需求	1.制定物资紧急采购流程 2. 编制耗材与备件清单并提交调试管理审查，并针对疑问项提前与厂家沟通和澄清 3. 编制工器具使用清单并提交调试管理审查，原则上标准工器具使用同一厂家的且涵盖项目各个仪表量程范围（特别是微差压和真空仪表量程），同时满足规范要求的标准表量程规范

序号	风险编码	四层风险名称	风险描述	常用应对措施
144	TS 050409	现场紧急需求物资不充分风险		4.制订工器具定期送检计划，原则上一个周期内所有需校验工器具均要完成校验并贴合格标签
145	TS 050410	PMS测试小车配置不足风险	PMS预运行试验需要测试小车，配置不足会影响系统调试和移交进度	1. 提前梳理工器具需求计划，编制采购计划 2. 调试准备阶段跟踪特殊工器具的供货进度
146	TS 050411	IIS调试专用工器具（测试电缆、测试箱）配置不足风险	IIS预运行试验需要专用工器具，缺少配置将影响系统调试和移交	1. 提前梳理工器具需求计划，编制采购计划 2. 调试准备阶段跟踪特殊工器具的供货进度
147	TS 050412	ADS试验物资采购风险	ADS123级排放试验所用高温应变片采购需通过进口定制，当前设计部门仍未提供详细的具体的技术参数，因此ADS123级排放试验所用高温应变片采购按期到货存在不确定风险	1. 督促设计及时提供试验所需应变片技术参数 2. 提前梳理工器具需求计划，编制采购计划 3. 调试准备阶段跟踪特殊工器具的供货进度
148	TS 050413	水压试验临措管理风险	由于水压试验临措安装质量差，导致试验过程中跑水，意外卸压，甚至导致试验失败的风险	1. 检查采购的临措设备质量满足水压试验要求 2. 检查临措现场安装质量，确保临措安装高质量完成 3. 对部分高压临措设备进行预试验